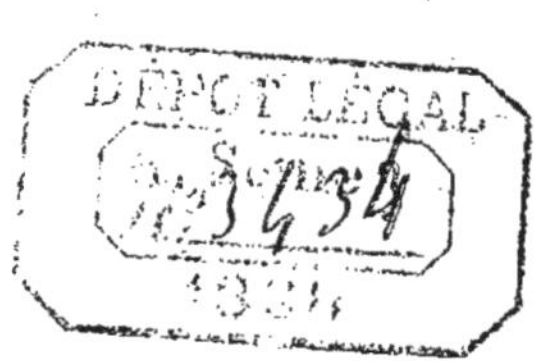

STUD BOOK FRANÇAIS

REGISTRE

DES

CHEVAUX DE DEMI-SANG

NÉS ET IMPORTÉS EN FRANCE

SECTION BRETONNE

TOME II — ÉTALONS

(1891-1898)

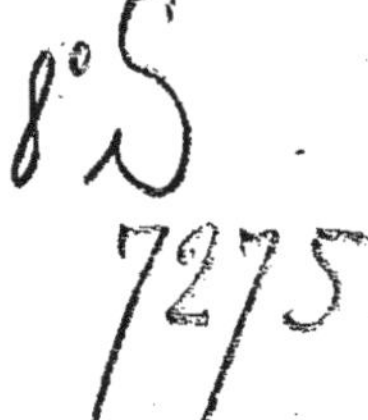

STUD BOOK FRANÇAIS

REGISTRE

DES

CHEVAUX DE DEMI-SANG

NÉS ET IMPORTÉS EN FRANCE

Publié par ordre de M. le Ministre de l'Agriculture

SECTION BRETONNE

TOME II — ÉTALONS

(1891-1898)

Prix : 3 Francs

PARIS

EN VENTE CHEZ J. KUGELMANN

12, rue de la Grange-Batelière, 12

1898

Stud Book spécial de la race chevaline normande amé-
liorée. En exécution de ces ordres, des recherches furent
faites sans interruption, à partir de cette époque, afin de
recueillir tous les documents nécessaires pour mener à
bonne fin cette délicate et très difficile mission.

Les renseignements fournis par les éleveurs de la cir-
conscription ont été rapprochés des documents consignés
dans les archives du dépôt du Pin et contrôlés avec le plus
grand soin. Le travail préparatoire a été terminé le
22 mars 1853, et une décision ministérielle du 19 avril
suivant a approuvé les bases adoptées pour sa rédaction.

Le *Stud Book normand*, définitivement clos le 25 juin
1853, contenait 1,196 noms, savoir : 260 étalons, 411 poulinières et 525 produits de divers âges. Il fut adressé
à M. le Ministre de l'Agriculture et du Commerce, qui
voulut bien faire connaître sa satisfaction au sujet de ce
travail.

L'impression de ce document important était admise en
principe et annoncée aux éleveurs. ·Divers motifs en re-
tardèrent la publication, qui fut définitivement ajournée :
elle n'a pas été faite au grand regret des intéressés, qui
ont été unanimes à reconnaître que cette mesure était très
préjudiciable au progrès de l'amélioration de la race chevaline anglo-normande.

Une étude spéciale des origines de la famille chevaline
vendéenne a été faite en 1868 et 1869, avec l'autorisation
du Ministre, par l'inspecteur général qui était chargé à
cette époque de l'arrondissement de l'Ouest.

Ce travail devait se diviser en deux parties : la première
contenant le recueil généalogique des étalons employés à
la reproduction dans les départements de la Vendée et de
la Loire-Inférieure depuis 1839 ; la seconde était destinée
aux poulinières de la même région et à leurs produits. Il
était terminé en avril 1869 et soumis à l'Administration
supérieure, qui voulut bien l'approuver et en décider la
publication.

Le premier volume de l'ouvrage, qui reçut le titre de
« chevaux vendéens », a été imprimé dans le cours de

cette même année : il contenait l'origine de 369 étalons. Ce livre, tiré à plusieurs centaines d'exemplaires, a été distribué à tous les éleveurs de la région.

Les événements de 1870 ont arrêté la publication du recueil généalogique des poulinières, qui renfermait 257 juments et 158 produits.

L'essor de la production et de l'amélioration des diverses familles de demi-sang, amené par le fonctionnement de la loi organique de 1874 sur les Haras, rend nécessaire la reprise et la continuation de ces registres généalogiques.

Leur établissement a fait l'objet d'un vœu du Conseil supérieur des Haras ; les éleveurs attendent avec impatience cette nouvelle consécration de leurs efforts, et l'Administration des remontes militaires attache à cette œuvre la plus haute importance. Elle a la ferme conviction qu'elle y puisera des renseignements précieux, au point de vue de la production du cheval de guerre, sur les ressources hippiques des grands centres d'élevage de la France.

Les nations voisines se sont depuis longtemps préoccupées de cette question : c'est ainsi que la Prusse a établi un *Stud Book* très intéressant de la race Trakehnen ; que l'Autriche a fondé celui des chevaux de Lippiza ; qu'aux États-Unis la liste complète et spéciale des trotteurs joue un rôle des plus importants, et, enfin, qu'en Angleterre et en Belgique, on a jugé indispensable d'ouvrir des registres pour l'inscription des sujets de races de trait.

Pour maintenir la France à la hauteur de sa prospérité chevaline, j'ai l'honneur de vous prier de vouloir bien décider que les travaux antérieurs seront repris et arrêter que des *Stud Book* spéciaux pour les familles de demi-sang de races améliorées seront établis et continués par les soins de l'Administration des Haras, qui demeurera chargée de les publier, pour les diverses régions, dans des conditions analogues au *Stud Book* des races pures.

Afin d'étudier les meilleures mesures à prendre pour la rédaction de ce travail et dans le but de lui donner une base régulière et uniforme, j'ai l'honneur de vous proposer de former une Commission composée de membres dont les connaissances spéciales permettraient de fixer les diverses conditions à adopter comme point de départ.

Si vous voulez bien approuver le présent rapport, je vous serai obligé de le revêtir de votre signature, ainsi que l'arrêté ci-joint portant formation de la Commission.

Veuillez agréer, Monsieur le Ministre, l'hommage de mon respectueux dévouement.

Le Directeur des Haras,

H. DE CORMETTE.

Approuvé :

Le Ministre,

J. DEVELLE.

ARRÊTÉ

LE MINISTRE DE L'AGRICULTURE,

Vu l'ordonnance du 3 mars 1833, portant établissement d'un registre matricule pour l'inscription des chevaux de race pure ;

Vu le dernier paragraphe de l'arrêté pris par le Ministre du Commerce, en exécution de ladite ordonnance ;

Considérant qu'il y a lieu, par suite, d'ouvrir, pour la conservation des races améliorées de demi-sang dans les centres les plus importants d'élevage, un registre généalogique qui établisse leur confirmation,

ARRÊTE :

ARTICLE PREMIER.

L'Administration des Haras est chargée d'établir, de continuer et de publier des *Stud Book* spéciaux pour les familles de demi-sang.

ART. 2.

(Suit la désignation des membres composant la Commission.)

Paris, le 30 avril 1887.

J. DEVELLE.

DÉCISIONS DE LA COMMISSION

La Commission du *Stud Book* de demi-sang s'est réunie les 27 mai 1887, 13 juin 1890 et 21 avril 1891. Elle a émis les vœux suivants qui ont été adoptés par M. le Ministre, et à la suite desquels des instructions ont été données à MM. les Directeurs des dépôts d'étalons pour l'établissement des inscriptions :

. . . .

« Il ne sera ouvert qu'un seul *Stud Book* des chevaux de demi-sang. »

. . . .

« Le *Stud Book* sera divisé en six sections, savoir :
« Section normande.
« Section bretonne.
« Section vendéenne et charentaise.
« Section du Midi.
« Section du Centre.
« Section du Nord et de l'Est. »

. . . .

« Seront inscrits aux diverses sections du *Stud Book* des chevaux de demi-sang :
« 1° Les animaux qui, nés avant 1882, auront du côté paternel et du côté maternel un ascendant de pur sang ou de demi-sang ;
« 2° Les animaux qui, nés depuis 1882, auront du côté paternel et du côté maternel deux ascendants de pur sang ou de demi-sang. »

. . . .

« Seront inscrits d'office tous les étalons de demi-sang qui appartiennent ou qui ont appartenu à l'Etat et les étalons approuvés de même catégorie, lors même qu'ils ne rempliraient pas les conditions ci-dessus. »

« Les étalons et les juments seront inscrits dans la section du pays où ils produisent.

« Les produits seront inscrits dans la section du pays où ils sont nés. »

« Aucun animal ne pourra être inscrit s'il ne porte un nom. »

« Les étalons de pur sang qui ont concouru à la formation de la famille seront rappelés dans un appendice placé à la fin du volume.

« Seront également inscrits dans un appendice spécial, les étalons de demi-sang qui ont marqué, avant 1840, dans les fastes de la production chevaline. »

COMMISSION

DU

STUD BOOK DES CHEVAUX DE DEMI-SANG

Président :

M. LE MINISTRE DE L'AGRICULTURE OU LE DIRECTEUR DES HARAS.

Membres :

MM. AUGÈRE, ancien Député ;

BASLY (de), Propriétaire-Eleveur à Saint-Contest (Calvados) ;

BASTID, Député du Cantal ;

CUGNAC (de), Directeur de l'École de dressage de Rochefort ;

GANAY (de), Inspecteur général honoraire des Haras ;

GÉVELOT, Député de l'Orne ;

HENRY, ancien Député, Membre du Conseil supérieur des Haras ;

L'INSPECTEUR GÉNÉRAL PERMANENT DES REMONTES MILITAIRES (Général Faverot de Kerbreck) ;

LA FARGUE-TAUZIA (de), Inspecteur général des Haras ;

LANNEY (de), Inspecteur général des Haras ;

LINDET, Propriétaire-Eleveur à Saint-Léger-sur-Sarthe (Orne) ;

MARCHEGAY, Député de la Vendée ;

MM. Morel, Sénateur de la Manche ;

Portalès, Inspecteur général des Haras ;

Rozier (du) (Philippe), Propriétaire-Eleveur au Château du Petit Jars (Orne) ;

Sempé, Propriétaire-Eleveur, à Tarbes, Membre du Conseil supérieur des Haras ;

Simonnin, Inspecteur général, hors cadres, chargé du 2e Bureau de la Direction des Haras.

Secrétaire :

M. Macarez, Sous-Chef du 2e Bureau de la Direction des Haras.

Secrétaires adjoints :

MM. Guillemot, Surveillant des Haras ;

Leloup, Rédacteur à la Direction des Haras.

ABRÉVIATIONS

H. N.	Haras nationaux.
Al.	Alezan.
Aub.	Aubère.
B.	Bai.
Bb.	Bai brun.
Bl.	Blanc.
C. L.	Café au lait.
F. P.	Fleur de pêcher.
Gr.	Gris.
Is.	Isabelle.
N.	Noir.
P.	Pie.
Ro.	Rouan.
P. S. A.	Pur-sang anglais.
P. S. Ar.	— arabe.
P. S. A.-A.	— anglo-arabe.
1/2 s.	Demi-sang.
1/2 s. A.	— anglais.
1/2 s. Al.	— allemand.
1/2 s. Am.	— américain.
1/2 s. Ar.	— arabe.
1/2 s. A.-A.	— anglo-arabe.
1/2 s. A.-N.	— anglo-normand.
1/2 s. N.	— normand.
1/2 s. B.	— breton.
1/2 s. Big.	— bigourdan.
1/2 s. Char.	— charentais.
1/2 s. V.	— vendéen.
1/2 s. L.	— limousin.
1/2 s. Norf.	— norfolk.
1/2 s. Norf.-B.	— norfolk-breton.
1/2 s. R.	— russe.
1/2 s. Orl.	— orloff.
1/2 s. Meck.	— mecklembourgeois.
1/2 s. Carr.	— carrossier.
S. B. F., t. , p.	Stud-Book français, tome , page .
S. B. A., t. , p.	Stud-Book anglais, tome , page .
S. R.	Sans renseignements.

SECTION BRETONNE

Circonscriptions des Dépôts d'Étalons de Lamballe et d'Hennebont.

DÉPARTEMENTS :

Côtes-du-Nord, Finistère, Ille-et-Vilaine, Morbihan.

1°

ÉTALONS

NÉS DANS LES CIRCONSCRIPTIONS DE LAMBALLE ET D'HENNEBONT

ETALONS

Nés dans les Circonscriptions de Lamballe et d'Hennebont.

ADIEU-VAT (approuvé). — M. Y. Sévères.

Al. 1886. — Côtes-du-Nord.

Par *Grain-d'Or*, P. S. Ar., et une fille de Keruscar, 1/2 s. B.

Lamballe : 1890. — Réformé en décembre 1896.

ARMORICAIN, ex-**VASSAL**. — H. N.

Al. 1877. — Finistère.

Par *Neuilly*, 1/2 s. N., et une 1/2 s. B., par Bélus, 1/2 s. B.

Sa grand'mère : 1/2 s. B., par Grey-Shales, 1/2 s. Norf.

Lamballe : 1882. — Castré le 8 décembre 1893.

ATAO. — H. N.

Ro. 1878. — Côtes-du-Nord.

Par *Corlay*, 1/2 s. B., et une 1/2 s. B., par Emeutier, 1/2 s. N.

Lamballe : depuis 1882.

BALTHAZAR. — H. N.

Aub. 1891. — Finistère.

Par *Vétéran*, 1/2 s. N., et *Lucie*, 1/2 s. B., par Parfait (trait).

Sa grand'mère : 1/2 s. B., par Fire-King (1/2 s. Norf.).

Lamballe : depuis 1895.

BASSANO (approuvé). — M. du Rusquec.

B. 1888. — Finistère.

Par *Sénégal*, 1/2 s. N., et une 1/2 s. B.,

par Sir-Georges-Wownbell, 1/2 s. A.

Lamballe : 1892. — Réformé en décembre 1897.

BAYARD (approuvé). — Mme Ve Roussel.
Al. 1880. — Bretagne.
Par *Santon*, 1/2 s. B., et une fille d'Utin, 1/2 s. B.
Hennebont : depuis 1886.

BLOCH. — H. N.
Aub. 1894. — Finistère.
Par *Lolliérou*, 1/2 s. B., et *Bellome* (jument de 1/2 s.
née en Bretagne).
Lamballe : depuis 1898.

BON-ARGENT (approuvé). — M. Raguenès.
Al. 1877. — Finistère.
Par *Vif-Argent*, 1/2 s. Norf., et une 1/2 s. B., par Hermion,
1/2 s. N.
Lamballe : 1886. — Réformé en décembre 1891.

BUCÉPHALE. — H. N.
B. 1890. — Finistère.
Par *Vétéran*, 1/2 s. N., et *Robine*, 1/2 s. B., par Veneur, 1/2 s. N.
Sa grand'mère : 1/2 s. B., par Pretender, 1/2 s. Norf.
Lamballe : depuis 1895.
A fait la monte en 1894 comme étalon approuvé
chez M. Fr. Jaouen (Finistère).

CACUS. — H. N.
B. 1880. — Finistère.
Par *Sénégal*, 1/2 s. N., et une 1/2 s. B. par Windham, P. S. A.
Hennebont : 1884. — Abattu le 16 août 1894.

CADET (approuvé). — Mme Ve Madec.
Al. 1890. — Finistère.
Par *Utinam*, 1/2 s. N., et une fille de Romarin, 1/2 s. B.
Hennebont : depuis 1894.

CALVIN (approuvé). — M. Madec.
Ro. 1885. — Côtes-du-Nord.
Par *Corlay*, 1/2 s. B., et une 1/2 s. B., par Bacchus, 1/2 s. N.
Lamballe : 1889. — Réformé en décembre 1895.

CHARLIC (approuvé). — M. Vigouroux-Kernéïs.
Aub. 1891. — Finistère.
Par *Hamac*, 1/2 s. N., et une 1/2 s. B., par Sénégal, 1/2 s. N.
Lamballe : depuis 1896.

CHÉRI. — H. N.
B. 1883. — Finistère.
Par *Salses*, 1/2 s. N., et une 1/2 s. B., par Quimper, 1/2 s. B.
Lambale : 1887. — Castré le 21 août 1894.

CHERLY II. — M. Corre, 1878 ; M. Robelet, 1879.
Al. 1875. — Finistère.
Par *Cherly*, 1/2 s. N., et une 1/2 s. B., par Hermion, 1/2 s. N.
Lamballe : 1878. — Hennebont : 1879. — Castré en 1892.

CLIN-D'ŒIL. — H. N.
Bb. 1880. — Côtes-du-Nord.
Par *Marin*, P. S. A., et une 1/2 s. B., par Fourni, 1/2 s. N.
Lamballe : depuis 1888.

COB (approuvé). — M. Jaouen.
B. 1871. — Finistère.
Par *The Norfolk-Cob*, 1/2 s. Norf., et une jument bretonne.
Hennebont : 1878. — Castré en 1891.

CONSTANTIN. — H. N.
B. 1891. — Côtes-du-Nord.
Par *Saint-Julien*, 1/2 s. N., et Nola, 1/2 s. B.
Hennebont : 1895. — Mort le 26 août 1897.

CORLAY. — H. N.
Ro. 1872. — Côtes-du-Nord.
Par *Flying-Cloud*, 1/2 s. Norf., et *Thérésine*, 1/2 s. B.,
par Festival, P. S. A.
Lambale : 1876. — Abattu le 12 février 1897.

CORLAY II, 1/2 s. B. — H. N.

Aub. 1887. — Côtes-du-Nord.

Par *Corlay*, 1/2 s. Norf.-B., et *Robine*, 1/2 s. B., par Romeux, P. S. A.

Sa grand'mère : 1/2 s. B., par Beauvais, P. S. A.

Lamballe : 1892. — Castré le 13 septembre 1892.

A fait la monte en 1891 comme étalon approuvé chez M. Is. Cosson, à Corlay (Côtes-du-Nord).

COSAQUE (approuvé). — M. Kernéïs.

Gr. 1885. — Finistère.

Par *Amasis*, 1/2 s. N., et *Finette*, 1/2 s. B., par Coco (trait amélioré).

Sa grand'mère : Jeanneton, 1/2 s. B., par François Ier, 1/2 s. N.

Lamballe : 1889. — Mort en janvier 1896.

COURTOIS (autorisé). — M. J. Quéré.

B. 1887. — Bretagne.

Par *Rémus* ou *Vétéran*, 1/2 s. N., et une 1/2 s. B., par Fire-King, 1/2 s. Norf.

Lamballe : 1891. — Non présenté à l'autorisation pour la monte de 1892.

CYRIUS (approuvé). — M. de Rusunan.

Al. 1884. — Finistère.

Par *Veneur*, 1/2 s. N., et *Coquette*, 1/2 s. B., par Ino, 1/2 s. N.

Sa grand'mère : Sioulic, 1/2 s. B., par Fire-King, 1/2 s. Norf.

Lamballe : depuis 1888.

DAUPHIN. — H. N.

Al. 1883. — Finistère.

Par *Plouënan*, 1/2 s. B., et une 1/2 s. B., par Dauphin, 1/2 s. N.

Lamballe : depuis 1887.

DAUPHIN (approuvé). — M. Madec.

Al. 1885. — Bretagne.

Par *Rustique*, 1/2 s. B., et une fille de Plouënan, 1/2 s. B.

Hennebont : depuis 1889.

DEAR-MANOR, ex-**LORD-OF-THE-MANOR**. — H. N.
Al. 1881. — Finistère.
Par *Lord-of-the-Manor*, 1/2 s. Norf., et *Rosette*, 1/2 s. B.,
par Lesneveu, 1/2 s. B.
Lamballe : 1885. — Castré le 8 novembre 1895.

DÉCIDÉ (approuvé). — M. Roussel.
Al. 1870. — Bretagne.
Par *Hermion*, 1/2 s. N., et une jument bretonne.
Hennebont : 1879. — Mort en 1893.

DICKENS. — H. N.
Aub. 1881. — Finistère.
Par *Urgonte*, 1/2 s. B., et une jument bretonne.
Lamballe : depuis 1885.

DUPERRÉ, ex-**SALSES**. — H. N.
Al. 1881. — Finistère.
Par *Lord-of-the-Manor*, 1/2 s. Norf., et une jument bretonne.
Lamballe : 1885. — Castré le 17 août 1897.

DUVALLON, ex-**SÉNÉGAL**. — H. N.
B. 1881. — Finistère.
Par *Fire-King*, 1/2 s. Norf., ou *Sénégal*, 1/2 s. N.,
et *Robine*, 1/2 s. B., par Bélus, 1/2 s. N.
Lamballe : 1885. — Abattu le 31 juillet 1893.

ECHIS, ex-**FIRE-KING**. — H. N.
Gr. 1882. — Finistère.
Par *Usus*, 1/2 s. N., et *Miss*, 1/2 s. B., par Norfolk-Star,
1/2 s. Norf.-A.
Hennebont : 1886. — Mort le 19 juin 1891.

ECLAIR (approuvé). — M. J.-M. Cueff
Aub. 1886. — Bretagne.
Par *Chambois*, P. S. A., et une 1/2 s. B., par Fire-King,
1/2 s. Norf.
Lamballe : 1890. — Vendu en décembre 1895.

ÉCUREUIL (approuvé). — Mis de la Bourdonnaye.
B. 1875. — Bretagne.
Par *Eléazar*, 1/2 s. N., et une 1/2 s. B., par Royal-Fort, P. S. A.
Hennebont : depuis 1880.

ÉPI-D'OR, ex-**IVERNY**. — H. N.
Al. 1885. — Côtes-du-Nord.
Par *Paradoxe*, P. S. A., et une jument bretonne.
Hennebont : depuis 1890.

ÉPOPTE, ex-**THE MANOR**. — H. N.
B. 1882. — Bretagne.
Par *Lord-of-the-Manor*, 1/2 s. Norf., et une jument bretonne.
Lamballe : depuis 1886.

ÉRADIER, ex-**SÉNÉGAL**. — H. N.
B. 1882. — Finistère.
Par *Sir-Georges*, P. S. A., ou *Sénégal*, 1/2 s. N., et *Pichonne*,
1/2 s. B., par Ingres, 1/2 s. N.
Sa grand'mère : Lucie, 1/2 s. B., par Hermès, 1/2 s. N.
Sa bisaïeule : Sioulic, 1/2 s. B., par Fire-King, 1/2 s. Norf.
Lamballe : 1886. — Castré le 7 novembre 1891.

ÉRARD, ex-**ROBY**. — H. N.
Al. 1882. — Bretagne.
Par *Usus*, 1/2 s. N., et une 1/2 s. B., par Emeutier, 1/2 s. N.
Lamballe : 1886. — Castré le 7 novembre 1891.

ÉRARDI (autorisé). — M. Hervé Hélard.
Al. 1893. — Finistère.
Par *Blue-Roan*, 1/2 s. Norf., et une 1/2 s. B.,
par Sir Richard, 1/2 s. A.
Lamballe : depuis 1897.

ÉRAWAY, ex-**ÉMEUTIER**. — H. N.
B. 1882. — Finistère.
Par *Emeutier*, 1/2 s. N., et une 1/2 s. B., par Royal-Fort, P. S. A.
Hennebont : 1886. — Abattu le 21 août 1896.

ERIAN, ex-**MARENGO**. — H. N.
Aub. 1882. — Finistère.
Par *Sir-Georges*, 1/2 s. A., ou *Fire-King*, 1/2 s. Norf.,
et une 1/2 s. B., par Neuilly, 1/2 s. N.
Lamballe : 1886. — Castré le 26 décembre 1892.

ERYON. — H. N.
B. 1882. — Finistère.
Par *Y. Trott-Away*, 1/2 s. Norf., et une 1/2 s. B., par Sizun,
1/2 s. Norf.-B.
Hennebont : depuis 1886.

ESAÏTE, ex-**VAINQUEUR**. — H. N.
Al. 1882. — Finistère.
Par *Sylvain*, 1/2 s. N., ou *Urtin*, 1/2 s. B., et une 1/2 s. B.,
par Page, 1/2 s. N.
Hennebont : 1886. — Mort le 1er février 1896.

ESPOIR (approuvé). — M. Gérard.
Bb. 1886. — Bretagne.
Par *Karl*, 1/2 s. B., et une 1/2 s. B., par Gladiateur, 1/2 s. N.
Hennebont : 1890. — Vendu en 1891.

EXILÉ (approuvé). — M. Garrault.
B. 1889. — Ille-et-Vilaine.
Par *Suffrage*, 1/2 s. N., et une fille de Palanquin,
1/2 s. N. (approuvé).
Hennebont : depuis 1893. — Passé dans la Mayenne en 1898.

FALMOUTH (approuvé).
M. Forget 1884 ; M. Joseph Prime 1891.
Bb. 1878. — Bretagne.
Par *Royal-Fort*, P. S. A., et une 1/2 s. B., par Klauck, 1/2 s. N.
Hennebont : 1884. — Castré en 1895.

FANTAISISTE. — H. N.
Al. 1883. — Finistère.
Par *Veneur*, 1/2 s. N., ou *Black-Fire-Away*, 1/2 s. Norf.-A.,
et une fille de Trégarvan, 1/2 s. B.
Hennebont : 1887. — Castré le 5 août 1897.

FLEURY (approuvé). — M. Merret.
B. 1880. — Finistère.
Par *Quatrain*, 1/2 s. N., et *Toubenne*, 1/2 s. B.,
par Pretender, 1/2 s. Norf.
Sa grand'mère : Violette, 1/2 s. B., par Lieutenant, P. S. A.
Lamballe : 1884. — Réformé en décembre 1892.

FOLGOËT (approuvé). — Mme Ve Mélinaire.
Al. 1886. — Bretagne.
Par *Dinan*, 1/2 s. B. (*Lyonnais* ou *Rector*), et une jument bretonne.
Hennebont : depuis 1890.

FOLL. — H. N.
Al. 1883. — Finistère.
Par *Paradoxe*, P. S. A., et *Lisette*, 1/2 s. B., par Fire-King,
1/2 s. Norf.
Sa grand'mère : Etoile, 1/2 s. B., par Neuilly, 1/2 s. N.
Lamballe : 1887. — Castré le 4 septembre 1893.

FOXHALL. — H. N.
Al. 1881. — Finistère.
Par *Oak*, 1/2 s. N., et *Vergin*, 1/2 s. B., par Fire-King, 1/2 s. Norf.
Lamballe : 1885. — Castré le 28 août 1895.

FRANC-LURON (approuvé). — Mme Ve Madec.
Al. 1891. — Finistère.
Par *Amasis*, 1/2 s. N., et une fille de Dauphin, 1/2 s. N.
Hennebont : depuis 1896.

GALANTIN, ex-**MYSTÉRIEUX**. — H. N.
B. 1884. — Finistère.
Par *Danube*, P. S. A., et une fille d'Hermion, 1/2 s. B.
Sa grand'mère : fille de Malplaquet, 1/2 s. B.
Lamballe : depuis 1888.

GANTELET, ex-MERCURE. — H. N.
Gr. 1883. — Finistère.
Par *Tyrtée*, 1/2 s. N., et une 1/2 s. B.
Hennebont : depuis 1888.

GASTON, ex-ÉTUDIANT. — H. N.
Al. 1884, — Finistère.
Par *Fire-King*, 1/2 s. Norf., ou *Amasis*, 1/2 s. N., et une 1/2 s. B.,
par Pretender, 1/2 s. Norf.
Sa grand'mère : 1/2 s. B., par Grey-Shales, 1/2 s. Norf.
Lamballe : depuis 1888.

GÉNÉRAL (approuvé). — M. Le Guen.
N. 1894. — Finistère.
Par *The General*, 1/2 s. Norf., et une jument bretonne,
par Lannion (trait).
Lamballe : depuis 1898.

GLAZARD. — H. N.
Gr. 1884. — Finistère.
Par *Corlay*, 1/2 s. B., et *La Patrie*, 1/2 s. B., par Kreffloski,
1/2 s. Orl.
Sa grand'mère : 1/2 s. B., par Gouvieux, P. S. A.
Lamballe : depuis 1889.

GRÉGOIRE. — H. N.
B. 1884. — Finistère.
Par *Sénégal*, 1/2 s. N., et *Glaze* (trait léger breton), par Nemo
(trait percheron).
Lamballe : 1888. — Castré le 10 novembre 1894.

GUIGNOL. — H. N.
Bb. 1884. — Côtes-du-Nord.
Par *Corlay*, 1/2 s. B., et *Patience*, 1/2 s. B., par Brandy-Face,
P. S. A.
Hennebont : depuis 1888.

GUINGAMP, ex-ESPIÈGLE. — H. N.
Gr. 1882. — Finistère.
Par *Romeux*, P. S. A., et une 1/2 s. B., par Cheerly, 1/2 s. N.
Hennebont : 1888. — Castré le 5 août 1897.

GYGÈS, ex-BAJAZET II. — H. N.
Al. 1884. — Finistère.
Par *Bajazet*, 1/2 s. N., et une 1/2 s. B., par Bancy-Boy, 1/2 s. A.
Hennebont : 1888. — Castré le 27 août 1895.

HALLALI, ex-BON-ESPOIR. — H. N.
Aub. 1885. — Finistère.
Par *The General*, 1/2 s. A., et une 1/2 s. B., par Y. Trott-Away,
1/2 s. Norf.
Lamballe : 1889. — Castré le 28 août 1895.

HATTERAS. ex-PHILOSOPHE. — H. N.
Al. 1885. — Finistère.
Par *Sénégal* ou *Amasis*, 1/2 s. N., et une 1/2 s. B.,
par Soleil, 1/2 s. Carr.
Hennebont : 1889. — Castré le 22 août 1895.

HÉLIODORE. — M. Mélinaire.
Appprouvé 1890 à 1895 ; Autorisé depuis 1896.
Al. ou Gr. 1884. — Bretagne.
Par *Bride-Acier*, 1/2 s.
Hennebont : 1890. — Castré en 1897.

HERCULE. — H. N.
N. 1894. — Finistère.
Par *Amasis* et *Rosette*, 1/2 s. B.. par Midlothian, 1/2 s. A.
Sa grand'mère : 1/2 s. B., par Vertuchoux, 1/2 s. N.
Sa bisaïeule : 1/2 s. B., par Trottaway, 1/2 s. B.
Lamballe : depuis 1898.

HERCULE (approuvé). — M. Louis Gérard.
Ro. 1891. — Finistère.
Par *Midlothian*, 1/2 s. A., et une fille de Sénégal, 1/2 s. N.
Hennebont : depuis 1896.

HÉRISSON, ex-ALGUE. — H. N.
Al. 1884. — Finistère.
Par *Amasis* ou *Sénégal*, 1/2 s. N., et une 1/2 s. B.,
par Prétender, 1/2 s. Norf.-A.
Hennebont : 1889. — Castré le 22 août 1895.

HERMION (approuvé).
M. François Cueff, 1895 ; M. A. Branellec.
Al. 1891. — Finistère.
Par *Great-Gun*, 1/2 s. A., et une 1/2 B., par Sybaris (trait).
Lamballe : 1895. — Non présenté pour la monte de 1897.

HORACE, ex-**SALSES**. — H. N.
Al. 1885. — Finistère.
Par *Salses*, 1/2 s. N., et une jument bretonne.
Hennebont : depuis 1889.

HORSE (approuvé). — M. L. Gérard.
Al. 1884. — Bretagne.
Par *Old-Times*, 1/2 s. Norf.-A., et une jument bretonne.
Hennebont : depuis 1888.

HOSPODAR, ex-**GRÉGOIRE**. — H. N.
B. 1885. — Finistère.
Par *Bataille*, 1/2 s. N., et *Pichonne*, 1/2 s. B., par Sénégal,
1/2 s. N.
Sa grand'mère : Mouche, 1/2 s. B., par François Ier, 1/2 s. N.
Lamballe : depuis 1889. — Castré le 13 septembre 1892.

HUNTER, ex-**ATTILA**. — H. N.
Al. 1885. — Finistère.
Par *Bataille*, 1/2 s. N., et *Brune*, 1/2 s. B., par Fire-King,
1/2 s. Norf.
Sa grand'mère : 1/2 s. B., par Ingres, 1/2 s. N.
Lamballe : 1889. — Castré le 21 août 1894.

ILHAN. — H. N.
Ro. 1885. — Finistère.
Par *Weigton-Merry-Legs*, 1/2 s. Norf., ou *Corlay*, 1/2 s. B.,
et une 1/2 s., par Quiddany, 1/2 s. N.
Lamballe : depuis 1890.
A fait la monte en 1889 chez M. J.-M. Cueff (Finistère), comme
étalon approuvé.

IMÉCOURT, ex-**KEREVER**. — H. N.
B. 1886. — Finistère.
Par *Veneur*, 1/2 s. N., ou *Bataille*, 1/2 s. B., et une 1/2 s. B.,
par Dauphin, 1/2 s. N.
Hennebont : depuis 1890.

IMPHY, ex-**IVAN**, ex-**KERASSIGNOL**. — H. N.
Al. 1886. — Finistère.
Par *Alcala*, 1/2 s. N., et une 1/2 s. B., par Fire-King, 1/2 s. Norf.
Hennebont : depuis 1890.

INACHUS, ex-**IROQUOIS**. — H. N.
Bb. 1886. — Côtes-du-Nord.
Par *Corlay*, 1/2 s. B., et une 1/2 s. B., par Quiddany, 1/2 s. N.
Lamballe : depuis 1890.

INGOUVILLE, ex-**IRIS**, ex-**THE GENERAL**. — H. N.
Ro. 1886. — Finistère.
Par *Rémus*, 1/2 s. N., ou *The General*, 1/2 s. Norf.,
et une 1/2 s. B., par Prétender, 1/2 s. Norf.
Sa grand'mère, 1/2 s. B., par Baryton, 1/2 s. N.
Lamballe : 1890. — Castré le 22 août 1896.

INOV, ex-**IGNOTUS**, ex-**KERGREOCH**. — H. N.
B. 1886. — Finistère.
Par *Chambois*, P. S. A., ou *Sénégal*, 1/2 s. N., et une jument
bretonne, par Pichegru (trait).
Lamballe : 1890. — Castré le 7 novembre 1891.

ISOMÈS, ex-**DOLMAN**. — H. N.
B. 1886. — Finistère.
Par *Sénégal*, 1/2 s. N., et une fille de Quemeneur ou Hermion,
1/2 s. B.
Hennebont : 1890. — Castré le 20 août 1891.

ITHAQUE (approuvé).
MM. Kermeïs, 1890-1892 ; J. Cornec : depuis 1893.
B. 1886. — Finistère.
Par *Bassano*, 1/2 s. N., et *Fleurette*, 1/2 s. B., par Ino, 1/2 s. N.
Sa grand'mère : Laure, 1/2 s. B., par Ingres, 1/2 s. N.
Lamballe : depuis 1890.

ITYS, ex-**HORTENSIA**, ex-**COSAQUE**. — H. N.
Al. 1885. — Finistère.
Par *Armoricain*, 1/2 s. B., et une jument bretonne.
Lamballe : depuis 1890.

IZEAUX, ex-**IOTA**. — H. N.
Al. 1886. — Côtes-du-Nord.
Par *Voltaire*, 1/2 s. B. (par Corlay), et *Havanaise*, 1/2 s. B.
Lamballe : 1890. — Castré le 26 décembre 1892.

JABADAO. — H. N.
Ro. 1893. — Finistère.
Par *Jérémie*, 1/2 s. N., ou *Ferret*, 1/2 s. N., et *Papillonne*, 1/2 s. B.,
par The Général, 1/2 s. Norf.
Sa grand'mère : 1/2 s. B., par Veneur, 1/2 s. N.
Sa bisaïeule : 1/2 s. N., par Énée, 1/2 s. N.
Lamballe : depuis 1897.

JACOB. — H. N.
Aub. 1887. — Finistère.
Par *Amasis*, 1/2 s. N., et une 1/2 s. B., par Rémus, 1/2 s. N.
Lamballe : depuis 1891.

JACOB (approuvé). — M. J.-F. Troadec.
Aub. 1887. — Finistère.
Par *Bassano*, 1/2 s. N., et une 1/2 s. B., par Sénégal, 1/2 s. N.
Lamballe : 1891. — Réformé en décembre 1896.

JACOB (approuvé).
M. Le Nir, 1891 ; M. Rolland, 1894.
Al. 1887. — Finistère.
Par *Bataille*, 1/2 s. N., et une fille de Sénégal, 1/2 s. N.
Hennebont : depuis 1891.

JACQUES (approuvé). — M. Le Han.
B. 1881. — Finistère.
Par *Patriote*, P. S. A., et une 1/2 s. B., par Hérodote, 1/2 s. N.
Sa grand'mère : fille de Vingt-Mars (trait).
Lamballe : 1885. — Réformé en décembre 1893.

JANICULE (approuvé).
M. J.-M. Cueff, 1891-1894 ; Mme Ve Raguenès : depuis 1895.
B. 1887. — Finistère.
Par *Amasis*, 1/2 s. N., et une 1/2 s.
Lamballe : 1891. — Mort avant la monte de 1896.

JANINA. — H. N.
Al. 1887. — Finistère.
Par *Bataille*, 1/2 s. N., et une 1/2 s. B., par Fire-King, 1/2 s. Norf.
Lamballe : depuis 1891.

JARNAC, ex-**FRANC-LURON**. — H. N.
Aub. 1887. — Finistère.
Par *The General*, 1/2 s. Norf., et une 1/2 s. B.,
par Veneur, 1/2 s. N.
Lamballe : depuis 1891.

JARNIDIEU (approuvé). — Mme Ve Mélinaire.
Al. 1891. — Finistère.
Par *Bataille*, 1/2 s. N., et une fille de Veneur, 1/2 s. N.
Hennebont : depuis 1895.

JASMIN (approuvé). — M. Y. Sévère.
B. 1887. — Côtes-du-Nord.
Par *Corlay*, 1/2 s. B., et une jument de la guerre.
Lamballe : 1891. — Vendu après la monte de 1894 pour la Russie.

JOCKO (approuvé). — Mme Ve Mélinaire.
Al. 1887. — Finistère.
Par *Vernet*, 1/2 s. N., et une fille de Sir-Richard, 1/2 s. A.
Hennebont : depuis 1891.

JOHN (approuvé). — M. Cabic.
B. 1887. — Finistère.
Par *Vétéran*, 1/2 s. N., et *Brillantine*, 1/2 s. B.,
par Sénégal, 1/2 s. N.
Sa grand'mère : 1/2 s. B., par Dauphin, 1/2 s. N.
Lamballe : depuis 1890.

JOINVILLE (approuvé). — M. de Montfort.
Isab. 1887. — Finistère.
Par *Vétéran*, 1/2 s. N., ou *Bassano*, 1/2 s. N., et une 1/2 s. B.,
par Fire-King, 1/2 s. Norf.
Lamballe : 1831.

JONGLEUR. — H. N.
Ro. 1873. — Finistère.
Par *Kerdiaoul*, 1/2 s. b. B., et une fille d'Hermion, 1/2 s. B.
Hennebont : depuis 1882.

JOYEUX (approuvé).
M. Couliquen (Jacques) 1891 ; M. du Rusquec.
Gr. 1887. — Finistère.
Par *Amasis*, 1/2 s. N., et une 1/2 s. B., par Némo (trait percheron).
Sa grand'mère : par Orphila, 1/2 s. B.
Lamballe : depuis 1891.

JUILLET. — H. N.
B. 1887. — Finistère.
Par *Sénégal*, 1/2 s. N., et une 1/2 s. B., par Amadis, 1/2 s. N.
Hennebont : depuis 1891.

JUJUBE, ex-ARTISTE. — H. N.
B. 1887. — Finistère.
Par *Rémus* ou *Sénégal*, 1/2 s. N., et une 1/2 s. B.,
par Soleil, 1/2 s. Carr.
Hennebont : depuis 1891.

JULES-CÉSAR (approuvé). — M. N. Quintric.
B. 1887. — Finistère.
Par *Salsés*, 1/2 s. N., et une 1/2 s.
Lamballe : 1891. — Mort en cours de monte (1891).

JUPITER (autorisé jusqu'en 1890, approuvé à partir de 1891).
M. Jalu.
B. 1884. — Morbihan.
Par *Voltaire*, 1/2 s. B. (approuvé).
Hennebont : depuis 1889.

KALEMBER (approuvé). — Mme Ve Raguenés.
B. 1888. — Finistère.
Par *Rémus*, 1/2 s. N., et une 1/2 s. B.
Lamballe : depuis 1892.

KERBANCO. — H. N.
Al. 1888. — Finistère.
Par *Banco*, 1/2 s. N., et une 1/2 s. B., fille de Ploudaniel
(trait breton, approuvé).
Lamballe : depuis 1892.

KERBESCOND. — H. N.
B. 1889. — Finistère.
Par *Voltaire*, 1/2 s. B., et une fille de Seymour, P. S. A.
Hennebont : depuis 1893.

KERGUENGUY (approuvé). — M. Burel, 1892 ;
M. Plouzenec, 1897.
Al. 1888. — Finistère.
Par *Sénégal* ou *Bassano*, 1/2 s. N., et une fille de Fire-King,
1/2 s. A.
Hennebont : depuis 1892.

KERHUEL (approuvé). — Mme Ve Madec.
Al. 1883. — Finistère.
Par *Bataille* ou *Ferret*, 1/2 s. N., et une fille de Fire-King, 1/2 s. A.
Hennebont : 1892. — Castré en 1895.

KERJAN (approuvé). — Mme Ve Creach.
Al. 1874. — Finistère.
Par *Hermion*, 1/2 s. N., et une jument bretonne.
Lamballe : 1878. — Réformé en décembre 1892.

KERJEAN (approuvé). — M. Mélinaire.
Al. 1877. — Bretagne.
Par *L'Ami*, 1/2 s. B. (approuvé), et une 1/2 s. B.
Hennebont : 1881. — Réformé et vendu en 1895.

KERLÉO (approuvé). — M. Le Nir.
Gr. 1887. — Finistère.
Par *Drôle-de-Corps*, 1/2 s. N., et une fille de Jacques-May, 1/2 s. N.
Hennebont : 1891. — Vendu en 1895.

KER-LOÏS. — H. N.
Al. 1888. — Finistère.
Par *Bataille*, 1/2 s. N., ou *Bassano*, 1/2 s. N , et une 1/2 s. B.,
fille de Fire-King, 1/2 s. Norf.
Sa grand'mère : 1/2 s. B., par Dauphin, 1/2 s. N.
Lamballe : depuis 1892.

KERSAINT, 1/2 s. B. — H. N.
Ro. 1888. — Finistère.
Par *The General* (trotteur du Norfolk) et une 1/2 s. B.,
fille de Fire-King, 1/2 s. Norf.
Sa grand'mère : 1/2 s. B., par Hermion, 1/2 s. B.
Lamballe : depuis 1892. — Mort le 7 juillet 1897.

KERSÉGU. — H. N.
Al. 1888. — Finistère.
Par *Bataille*, 1/2 s. N., et une fille d'Ino, 1/2 s. N.
Hennebont : 1892. — Castré le 20 août 1896.

KERVENT. — H. N.
Aub. 1888. — Finistère.
Par *The General*, P. S. A., et une fille de Coco (trait),
ou Grey-Shales, Norf.-A.
Hennebont : depuis 1892.

KIEL (approuvé). — Cte de Lambilly.
Al. 1894. — Finistère.
Par *Kerbanco*, 1/2 s. B.
Hennebont : depuis 1894.

KIRSCH (approuvé).
M. J.-L. Autret, 1892 ; Mme Ve Jugdé, 1893.
Ro. 1888. — Finistère.
Par *The General*, 1/2 s. A.
Lamballe : 1892. — Hennebont : depuis 1893.

LACKNAU (approuvé). — Manche.

Al. 1889. — Finistère.

Par *Voltigeur*, 1/2 s. B., et une fille de Lord of-the-Manor, 1/2 s. A.
Hennebont : 1893. — Vendu en 1895.

LAOSTON. — H. N.

Al. 1889. — Finistère.

Par *Bassano*, 1/2 s. N., et une 1/2 s. B., par Pretender, 1/2 s. Norf.
Sa grand'mère : 1/2 s. B., par Anténor, 1/2 s. B.
Lamballe : 1884. — Castré le 26 janvier 1896.
A fait la monte en 1893 comme étalon approuvé
chez M. Vigouroux-Kernéïs.

LEBRUN (approuvé). — M. Y. Sévère.

Al. 1889. — Finistère.

Par *Amasis*, 1/2 s. N., et une 1/2 s. B., par Fire-King, 1/2 s. Norf.
Lamballe : 1893. — Non présenté depuis pour l'approbation.

LENTHÉRIC, ex-SÉNÉGAL. — H. N.

Bb. 1889. — Finistère.

Par *Sénégal*, 1/2 s. N., et *Coquette*, 1/2 s. B., par Banco, 1/2 s. N.
Hennebont : depuis 1893.

LÉOPARD. — H. N.

Al. 1889. — Côtes-du-Nord.

Par *Voltaire*, 1/2 s. B., et *Tyrone*, 1/2 s. B., par Tyrtée, 1/2 s. N.
Sa grand'mère : jument bretonne, par Bayard (trait).
Lamballe : depuis 1893.

LESNEVEN. — H. N.

Al. 1881. — Bretagne.

Par *Lesneven*, 1/2 s. B., ou *Suffren*, 1/2 s. N., et *Bleue*, 1/2 s. B.
par Hermion, 1/2 s. N.
Lamballe : depuis 1885.

LIBAN (autorisé). — M. François Cabic.

B. 1887. — Bretagne.

Par *Vétéran*, 1/2 s. N., et une jument bretonne.
Lamballe : 1891. — Non présenté à l'autorisation
pour la monte de 1894.

LIRIKIKI (approuvé). — M. Créach-Prigent.
B. 1888. — Finistère.
Par *Sénégal*, 1/2 s. N., et une 1/2 s. B., par Pretender, 1/2 s. Norf.
Lamballe : 1892. — Mort le 18 octobre 1896.

LOCHRIST. — H. N.
Al. 1889. — Finistère.
Par *Great-Gun*, 1/2 s. A., et une 1/2 s. bretonne.
Hennebont : 1893. — Castré le 5 août 1897.

LOLLIÉROU. — H. N.
Aub. 1889. — Finistère.
Par *Old-Times*, 1/2 s. A., et *Lucie*, 1/2 s. B.,
par Great-Gun, 1/2 s. A.
Lamballe : 1893. — Abattu le 17 décembre 1897.

LORD-HERO (approuvé). — M. Caill.
Al. 1876. — Finistère.
Par *Lord-of-the-Manor*, 1/2 s. Norf., et une 1/2 s. B.,
par Hero-Norfolk, 1/2 s. Norf.
Sa grand'mère : 1/2 s. B., par Grey-Shales, 1/2 s. Norf.
Lamballe : 1879. — Réformé en décembre 1893.

LUBIE (approuvé). — M. Gme Biham. — M. Hersant.
N. 1889. — Finistère.
Par *Lancastre*, 1/2 s. N., et une 1/2 s. B., par Bronze, 1/2 s. N.
Lamballe : 1893. — Vendu en janvier 1894.
Hennebont : depuis 1897.

MALICIEUX. — H. N.
B. 1878. — Finistère.
Par *Neuilly*, 1/2 s. N., et une 1/2 s. B.
Sa grand'mère : 1/2 s. B., par Bijou, 1/2 s. N.
Lamballe : 1882. — Castré le 28 août 1895.

MANOURY (approuvé).
M. Burel, 1894 ; M. Plouzennec, 1897.
B. 1890. — Finistère.
Par *Rémus*, 1/2 s. N., et une fille d'Amasis, 1/2 s. N.
Hennebont : depuis 1894

MARAUDEUR, ex-MARODEUR — H. N.

Aub. 1890. — Finistère.

Par *Champion*, 1/2 s. N., et *Pécharde*, 1/2 s. B., par Old-Times,
1/2 s. A.

Sa grand'mère : 1/2 s. B., par Thomaso-Mrus, 1/2 s. B.

Lamballe : 1894. — Mort le 8 avril 1894.

MARIUS (approuvé). — M. C. Caill.

Al. 1890. — Finistère.

Par *Amasis*, 1/2 s. N., et une 1/2 s. B., par Fire-King, 1/2 s. Norf.

Lamballe : depuis 1894.

MAROT. — H. N.

Al. 1890. — Finistère.

Par *Saint-Julien*, 1/2 s. N., et *Réséda*, 1/2 s. B.,
par Corlay, 1/2 s. B.

Sa grand'mère : 1/2 s. B., par Beauvais, P. S. A.

Lamballe : depuis 1895.

MARS. — H. N.

Aub. 1890. — Finistère.

Par *Champion*, 1/2 s. N., et *N.*, 1/2 s. B.

Hennebont : depuis 1894.

MARSEILLE (autorisé).

M. Fordet 1887 ; M. Joseph Prime 1890.

B. 1883. — Bretagne.

Par *Francœur*, 1/2 s. B. (apppouvé), et une fille de Royal-Fort,
P. S. A.

Hennebont : 1887. — Vendu en 1891.

MARTIAL. — H. N.

Gr. 1890. — Finistère.

Par *Corlay*, 1/2 s. B., et *La Patrie*, 1/2 s. B., par Krefftoski,
1/2 s. Orloff.

Lamballe : depuis 1894.

MARTIN. — H. N.
B. 1890. — Finistère.
Par *The General*, 1/2 s. A., et une fille de Rémus, 1/2 s. N.
Hennebont : depuis 1894.

MARVILLE (approuvé). — M. Forget.
B. 1883. — Bretagne.
Par *Francœur*, 1/2 s. B., et une 1/2 s. B., par Royal-Fort,
P. S. A.
Hennebont : depuis 1887.

MATADOR (approuvé). — M. Guillem.
B. 1869. — Bretagne.
Par *Flying-Cloud*, 1/2 s. Norf., et une 1/2 s. B.
Hennebont : depuis 1876.

MAXIMIN (approuvé). — M. Dragorn.
B. 1890. — Finistère.
Par *Ferret*, 1/2 s. N., et une fille de Sir-Georges, 1/2 s. A.
Hennebont : 1895. — Castré en 1897.

MÉNIPPE (approuvé). — M. Roblet.
B. 1890. — Finistère.
Par *Amasis*, 1/2 s. N., et une fille de Chambois, P. S. A.
Hennebont : depuis 1894.

MERCURE (approuvé). — M. Herry.
Gr. 1886. — Finistère.
Par *Tout-Juste*, 1/2 s. B., et une 1/2 s. B., par Salses, 1/2 s. N.
Lamballe : depuis 1891.

MÉRIEN. — H. N.
Aub. 1894. — Finistère.
Par *Laoston*, 1/2 s. B., et *Bergelle*, 1/2 s. B.,
par Lord-of-the-Manor, 1/2 s. Norf.
Lamballe : depuis 1898.

MESQUIN (autorisé). — M. L. Cornily.
Al. 1890. — Bretagne.
Par *Sénégal*, 1/2 s. N., et une 1/2 s. B., par Chambois, P. S. A.
Lamballe : 1894. — Non présenté à l'autorisation pour la monte
de 1895.

MÉZIDON (approuvé). — M. Y. Riou.
Al. 1890, — Finistère.
Par *Great-gun*, 1/2 s. A., et une 1/2 s. B., par Sybaris.
(trait amélioré).
Lamballe : depuis 1894.

MIGNON (approuvé). — M. Boutin.
Al. 1894. — Finistère.
Par *Amasis*, 1/2 s. N., et une 1/2 s. B., par Ino, 1/2 s. N.
Lamballe : depuis 1898.

MIRABEAU (autorisé). — M. Le Reguer.
Gr. 1886. — Bretagne.
Par *Bronze*, 1/2 s. N., et une 1/2 s. B., par Rustique, 1/2 s. B.
Lamballe : 1890. — Non présenté à l'autorisation pour la monte
de 1892.

MOÏSE, ex-**COCO**. — H. N.
Aub. 1890. — Finistère.
Par *Rémus*, 1/2 s. N., et *Minoresse* (trait), par Gaulois (trait).
Lamballe : depuis 1894.

MOLIÈRE (approuvé). — M. Madec.
B. 1885. — Bretagne.
Par *Fire-King*, 1/2 s. Norf.-A., ou *Bataille*, 1/2 s. N.,
et une 1/2 s. B., par Prétender, 1/2 s. Norf.-A.
Hennebont : 1889. — Castré en 1894.

MOMUS (approuvé). — M. J.-M. Cueff.
B. 1890. — Finistère.
Par *Sénégal*, 1/2 s. N., et une 1/2 s. B., par Parfait (trait).
Lamballe : 1894. — Vendu en novembre 1897.

MONTAGNE. — H. N.
B. 1890. — Finistère.
Par *The General*, 1/2 s. A., et une fille d'Ingres, 1/2 s. N.
Hennebont : depuis 1894.

MOUTON (approuvé).

M. Louis Le Roux ; M. Sanceau, 1888.

B. 1871. Finistère.

Par *Le Gros*, 1/2 s. B., et *N.*, 1/2 s. B.

Hennebont : 1875. — Castré en 1894.

NAONTEC, ex-**OLD-TIMES**. — H. N.

Aub. 1891. — Finistère.

Par *Bitley*, 1/2 s. Norf., ou *Old-Times*, 1/2 s. A., et *Bellonne*,
1/2 s. B., par Salses, 1/2 s. N.

Lamballe : depuis 1895.

NÉARQUE. — H. N.

B. 1891. — Côtes-du-Nord.

Par *Basque*, P. S. A., et *Minette*, 1/2 s. B., par Ulysse, 1/2 s. B.

Lamballe : depuis 1896.

NEPTUNE (approuvé). — Mme Ve Judgé.

Gr. 1891. — Finistère.

Par *Amasis*, 1/2 s. N., et une fille de Fire-King, 1/2 s. A.

Hennebont : depuis 1895.

NÉRON (approuvé). — M. Dourmap-Gilles.

Al. 1891. — Finistère.

Par *Gaston*, 1/2 s. B., et une jument bretonne, par Parfait (trait).

Lamballe : depuis 1895.

NESTOR. — H. N.

Aub. 1891. — Finistère.

Par *The General*, 1/2 s. Norf., ou *Gaston*, 1/2 s. N.,
et *Caroline* (trait), par Coco (trait).

Lamballe : depuis 1895.

NESTOR. — H. N.

Ro. 1891. — Finistère.

Par *Vilna*, 1/2 s. R., et *Bella*, par Shales, 1/2 s. A.

Hennebont : depuis 1895.

NICÉPHORE. — H. N.
B. 1891. — Finistère.
Par *Ferret*, 1/2 s. N., et *Bergère*, par Lord-of-the-Manor, 1/2 s. A.
Hennebont : depuis 1895.

NOÉ, ex-**ROUANET**. — H. N.
Aub. 1891. — Finistère.
Par *Old-Times*, 1/2 s. A., et *Lucie*, par Hermion, 1/2 s. B.
Hennebont : depuis 1895.

NOMEN (approuvé). — M. Hervé-Hélard.
N. 1891 — Finistère.
Par *Etretat*, 1/2 s. N., et une jument bretonne, par Sanders (trait).
Lamballe : 1895. — Non présenté pour la monte de 1896.

ODET, ex-**MINERVE**. — H. N.
Al. 1892. — Finistère.
Par *Juniper*, 1/2 s. A., et *Baille*, 1/2 s. B., par Fire-King,
1/2 s. A.
Hennebont : depuis 1896.

OKA, ex-**BARYTON**. — H. N.
B. 1892. — Finistère.
Par *Lancastre* ou *Sénégal*, 1/2 s. N., et *Baille*, par The General,
1/2 s. A.
Hennebont : depuis 1896.

OLD TIMES (approuvé). — M. J.-M. Cueff.
Ro. 1892. — Finistère.
Par *Castor*, 1/2 s. N., et une jument bretonne, par Sybaris (trait).
Lamballe : 1896. — Réformé le 9 novembre 1896.

OMER, ex-**VAINQUEUR**. — H. N.
Al. 1892. — Finistère.
Par *Erard*, 1/2 s. B., et *Fleury*, par Vernet, 1/2 s. N.
Hennebont : depuis 1896.

OMNÈS, ex-**MIDLOTHIAN**. — H. N.
Al. 1892. — Finistère.
Par *Druccurt* (trait) ou *Midlothian*, 1/2 s. A., et *Lucie*, 1/2 s. B.,
par Ingres, 1/2 s. N.
Lamballe : depuis 1896.

ORANGER. — H. N.
Al. 1892. — Finistère.
Par *Sir-Richard*, 1/2 s. Norf., et *Juana*, 1/2 s. B.,
par Y. Trottaway, 1/2 s. Norf.
Sa grand'mère : 1/2 s. B., par Great-Gun, 1/2 s. A.
Lamballe : depuis 1896.

ORPHELIN. — H. N.
B. 1892. — Côtes-du-Nord.
Par *Saint-Julien*, 1/2 s. N., et *Fleurette*, par Defender, 1/2 s. N.
Hennebont : depuis 1896.

OSCAR (approuvé). — M. J.-L. Caër.
Al. 1892. — Finistère.
Par *Sir-Richard*, 1/2 s. A., et une 1/2 s. B., par Eradier, 1/2 s. B.
Lamballe : 1896. — Réformé en novembre 1897.

OUAD, ex-**FERRET**. — H. N.
N. 1892. — Finistère.
Par *Ferret*, 1/2 s. N., et *Rosette*, 1/2 s. B., par Salses, 1/2 s. N.
Sa grand'mère : 1/2 s. B., par Lord-of-the-Manor, 1/2 s. Norf.
Lamballe : depuis 1896.

OURZIK, ex-**JACOB II**. — H. N.
Ro. 1892. — Finistère.
Par *Jacob*, 1/2 s. B., et *Vainqueur*, 1/2 s. B., par Danube, P. S. A.
Lamballe : 1896. — Castré le 4 mai 1897. — (N'a pas sailli en 1897.)

OUVRIER (approuvé). — M. Joseph Garrault.
B. 1892. — Ille-et-Vilaine.
Par *Suffrage*, 1/2 s. N., et *Jeanne-d'Arc*.
Hennebont : depuis 1897.

PAJOL. — H. N.

Gr. 1893. — Finistère.

Par *Ker-Loïs*, 1/2 s. B., et *Bichette*, 1/2 s. B., par Good-By. 1/2 s. Norf.

Sa grand'mère : jument de trait breton.

Lamballe : depuis 1897.

PANTHÉON. — H. N.

N. 1893. — Finistère.

Par *Janicule* (approuvé), 1/2 s. B., et *Robine*, 1/2 s. B., par Remus, 1/2 s. N.

Sa grand'mère : 1/2 s. B., par Ino, 1/2 s. N.

Lamballe : depuis 1897.

PARRAIN. — H. N.

B. 1893. — Finistère.

Par *Ferret*, 1/2 s. N., et *Robine*, par Ragot, 1/2 s. N.

Hennebont : depuis 1897.

PARRHASIUS. — H. N.

Ro. 1892. — Finistère.

Par *Bataille*, 1/2 s. N., ou *Hamac*, 1/2 s. N., et *Bergère*, 1/2 s. B., par Old-Nick, 1/2 s. A.

Lamballe : 1897. — Mort en station le 6 mai 1897.

A fait la monte de 1896 comme étalon approuvé chez M. Y. Sévère (Finistère).

PARTISAN, ex-**PLUTON**. — H. N.

Aub. 1893. — Finistère.

Par *Halévy*, 1/2 s. N., et *Rouane*, par The General, 1/2 s. A.

Hennebont : depuis 1897.

PATRIOTE (approuvé). — M. le Nir, 1886 ; M. Rolland, 1894.

B. 1884. — Bretagne.

Par *Patriote*, 1/2 s. A., et une 1/2 s. B.

Hennebont : depuis 1888.

PENBAS. — H. N.

B. 1879. — Finistère.
Par *Fire-King*, 1/2 s. A., ou *Sénégal*, 1/2 s. N., et une 1/2 s. B.,
par Entrain, 1/2 s. N.
Lamballe : 1883. — Castré le 25 août 1891.

PITTACUS. — H. N.

Al. 1893. — Finistère.
Par *Juniper*, 1/2 s. A., et *Lucie*, par Tyrtée, 1/2 s. N.
Hennebont : depuis 1897.

PLATON. — H. N.

B. 1893. — Finistère.
Par *Amasis*, 1/2 s. N., et *Coquette*, 1/2 s. B., par Rochambeau,
1/2 s. N.
Sa grand'mère : 1/2 s. B., par The Norfolk-Star, 1/2 s. Norf.
Sa bisaïeule : 1/2 s. B., par Neptune, 1/2 s. B.
Lamballe : depuis 1897.

POLADRE (approuvé).

MM. Baslé, 1891 ; Prime, 1895.
Par *Radieux*, 1/2 s. N., et une fille de Palanquin, 1/2 s. N.
Hennebont : depuis 1891.

POMPON, ex-PITTACUS. — H. N.

Ro. 1893. — Finistère.
Par *Bledelow*, 1/2 s. A., et *Bijou* (trait breton).
Hennebont : depuis 1897.

POSTILLON (approuvé). — M. Fauvel.

B. 1889. — Ille-et-Vilaine.
Par *Suffrage*, 1/2 s. N., et une fille de Sapeur, 1/2 s. N.
Hennebont 1893. — Castré en 1896.

PRIMO. — H. N.

Al. 1881. — Finistère.
Par *Suffren*, 1/2 s. N., et *Brune*, 1/2 s. B., par Lord-of-the-Manor,
1/2 s. Norf.
Hennebont : 1884. — Castré le 7 septembre 1893.

QUANTURUS. — H. N.

Al. 1894. — Finistère.

Par *Amasis*, 1/2 s. N., et *Coquette*, 1/2 s. B., par Rochambeau, 1/2 s. N.

Sa grand'mère : 1/2 s. B., par Norfolk-Star, 1/2 s. Norf.
Sa bisaïeule : 1/2 s. B., par Neptune, 1/2 s. B.

Lamballe : depuis 1898.

QUATRAIN. — H. N.

Aub. 1893. — Finistère.

Par *Sir-Richard*, 1/2 s. A., et Gourmette, 1/2 s. B., par Chambois, P. S. A.

Sa grand'mère : 1/2 s. B., par Fire-King, 1/2 s. Norf.

Lamballe : depuis 1897.

QUÉLUS, ex-CAP-DE-MORE. — H. N.

Gr. 1894. — Finistère.

Par *Bledelow*, 1/2 s. A., et *Guel* (trait breton).

Hennebont : depuis 1898.

QUÉMANDEUR. — H. N.

Al. 1884. — Finistère.

Par *Kerloïs*, 1/2 s. B., et une fille de Gaston, 1/2 s. B.

Hennebont : depuis 1898.

QUEN'-BRAO, ex-FERRET II. — H. N.

Bb. 1894. — Finistère.

Par *Ferret*, 1/2 s. N., et *Minette*, 1/2 s. B., par Chaperon, 1/2 s. N.

Sa grand'mère : jument bretonne, par Frontin (trait percheron).
Sa bisaïeule : 1/2 s. B., par Quemeneur, 1/2 s. B.

Lamballe : depuis 1898.

QUERRIEN, ex-BON-VIVANT. — H. N.

Aub. 1894. — Finistère.

Par *The General*, 1/2 s. A., et une fille de Doryphora (trait percheron).

Hennebont : depuis 1898.

QUIBERON. — H. N.
B. 1872. — Finistère.
Par *Dauphin*, 1/2 s. N., et une 1/2 s. B., par John, 1/2 s. B.
Lamballe : 1876. — Castré le 25 septembre 1891.

QUICK-SILVER. — H. N.
Al. 1876. — Finistère.
Par *Quick-Silver*, 1/2 s. Norf.-A., et une fille de Kermad, 1/2 s. B.
Hennebont : 1880. — Mort le 18 février 1891.

QUIDAM. — H. N.
Al. 1894. — Finistère.
Par *Gaston*, 1/2 s. B., et *Coquette*, 1/2 s. B., par Parfait (trait).
Sa grand'mère : 1/2 s. B., par Fire-King, 1/2 s. Norf.
Lamballe : depuis 1898.

QUILY, ex-VAINQUEUR. — H. N.
Ro. 1894. — Finistère.
Par *The General*, 1/2 s. Norf.-A., et une fille de Camors
(trait percheron).
Hennebont : depuis 1898.

QUINCONCE. — H. N.
B. 1894. — Finistère.
Par *Gaston*, 1/2 s. B., ou *Amasis*, 1/2 s. N., et une 1/2 s. B.,
par Vercingétorix, 1/2 s. B.
Hennebont : depuis 1898.

QUINSAC (approuvé). — M. Rolland.
Al. 1894. — Finistère.
Par *Gaston*, 1/2 s. B., et une fille de Fire-King, 1/2 s. A.
Hennebont : depuis 1898.

QUOTIENT (approuvé). — Mme Ve Perrin.
Al. 1894. — Finistère.
Par *Gaston*, 1/2 s. B., et une jument de trait.
Hennebont : depuis 1894.

4

QUOTIENT. — H. N.
Aub. 1894. — Finistère.
Par *Lollièrou*, 1/2 s. B., et *Bijou*, 1/2 s. B.
Lamballe : depuis 1898.

RAPIDE (approuvé). — Mme Ve Roussel.
Gr. 1889. — Morbihan.
Par *Décidé*, 1/2 s. B. (approuvé), et une fille d'Hermion, 1/2 s. N.
Hennebont : depuis 1895.

RAPIDE (approuvé). — M. Fauvel.
B. 1877. — Bretagne.
Par *Ormé*, 1/2 s. N., et *Guinée* (sans origine connue).
Hennebont : 1889. — Castré en 1895.

RÉBUS (approuvé). — M. Guillerme.
B. 1876. — Finistère.
Par *Fire-King*, 1/2 s. Norf., et une 1/2 s. B.,
par Hermion, 1/2 s. B.
Lamballe : 1880. — Réformé en décembre 1893.

RÉMUS (approuvé). — M. J.-L. Calr.
Al. 1883. — Finistère.
Par *Rémus*, 1/2 s. N., et une 1/2 s. B., par Pretender, 1/2 s. Norf.
Lamballe : 1890. — Réformé en décembre 1893.

RIGOLO (approuvé). — M. Jalu.
Bb. 1889. — Morbihan.
Par *Voltaire*, 1/2 s. B. (approuvé), et *Lida*.
Hennebont : depuis 1893.

ROBUSTE (approuvé). — Mme Ve Mélinaire.
Al. 1892. — Finistère.
Par *Salses*, 1/2 s. N., et une fille de Great-Gun, 1/2 s. N.
Hennebont : depuis 1896.

ROBY (approuvé). — M. le Nir.
Al. 1875. — Bretagne.
Par *Émeutier*, 1/2 s. N., et une 1/2 s. B.
Hennebont : 1879. — Vendu en 1895.

ROITELET (approuvé).
M. le Borgne. — M. J.-M. Troadec, depuis 1890.
Al. 1885. — Finistère.
Par *Fire-King*, 1/2 s. Norf., et *Bidolle*, 1/2 s. B., par Page,
1/2 s. N.
Sa grand'mère : Guelle, 1/2 s. B., par Anténor, 1/2 s. N.
Sa bisaïeule : Rachel, 1/2 s. B., par Grey-Shales, 1/2 s. Norf.
Lamballe : depuis 1889.

ROSEAU, ex-**RÉBUS**. — H. N.
Al. 1877. — Finistère.
Par *Windham*, P. S. A., et une 1/2 s. B., par Dauphin, 1/2 s. N.
Lamballe : 1881. — Castré le 25 août 1895.

ROSIER. — H. N.
Al. 1883. — Finistère.
Par *Amasis* ou *Ingres*, 1/2 s. N., et *Biche*, 1/2 s. B.,
par Quimper, 1/2 s. B.
Sa grand'mère : Toinette, 1/2 s. B., par Dauphin, 1/2 s. N.
Lamballe : depuis 1887. — Castré le 21 août 1894.

RUMINE (approuvé). — M. le Guen.
Al. 1885. — Bretagne.
Par *Charlot*, 1/2 s. B., et une fille d'Inachus, 1/2 s. B.
Hennebont : depuis 1889.

SAINT-GEORGES. — H. N.
Al. 1889. — Côtes-du-Nord.
Par *Basque*, P. S. A., et *Marguerite* (jument bretonne).
Lamballe : depuis 1894.

SALPÊTRE (approuvé). — M. Caill.
Gr. 1874. — Finistère.
Par *Fire-King*, 1/2 s. Norf., et une jument bretonne, petite fille de
Norfolk-Héro, 1/2 s. Norf.
Lamballe : 1878. — Réformé en décembre 1892.

SALSES (approuvé). — M. Vigouroux-Kernéïs.
Aub. 1892. — Finistère.
Par *Salses*, 1/2 s. N., et une 1/2 s. B., par Old-Times, 1/2 s. A.
Lamballe : depuis 1896.

SAÜL. — H. N.
Al. 1874. — Finistère.
Par *Volunteer*, 1/2 s. A., et une 1/2 s. B., par John, 1/2 s. Norf.
Lamballe : 1878. — Castré le 21 août 1894.

SEINS. — H. N.
B. 1874. — Finistère.
Par *Windham*, P. S. A., et une 1/2 s. B., par François Ier,
1/2 s. N.
Hennebont : 1878. — Abattu le 20 août 1891,

SERVITEUR (approuvé).
M. J.-M. Julien, 1888 ; Mme Ve le Noble, 1889.
B. 1882. — Bretagne.
Par *Serviteur*, 1/2 s. N., et une jument bretonne.
Hennebont : depuis 1888.

SLAB (approuvé). — Mme Ve Madec.
Al. 1891. — Finistère.
Par *Ventriloque*, 1/2 s. N., et une fille de Courageux, 1/2 s. B.
(approuvé).
Hennebont : depuis 1895.

SUFFRAGE (approuvé).
MM. J. Garrault, 1894 ; J. Lagrée, 1895.
Al. 1890. — Ille-et-Vilaine.
Par *Suffrage*, 1/2 s. N., et une fille d'Hambourg, 1/2 s. N.
Hennebont : 1894. — Castré en 1896.

SUFFREN (approuvé). — MM. Troadec frères.
Al. 1882. — Finistère.
Par *Suffren*, 1/2 s. N., et une 1/2 s. B., par Vaugirard.
Lamballe : 1889. — Réformé en décembre 1894.

SYBARIS (approuvé).

MM. Burel, 1891 ; Plouzennec, 1897.

Al. 1885. — Finistère.

Par *Sybaris*, 1/2 s. B., et une fille de Quick-Sylver, 1/2 s. B.

Hennebont : depuis 1891.

SYLVAIN. — H. N.

N. 1881. — Finistère.

Par *Sylvain*, 1/2 s. N., et une 1/2 s. B., par Pretender, 1/2 s. Norf.

Hennebont : 1885. — Castré le 7 septembre 1893.

TAMBOUR (approuvé). — M. Madec.

Al. 1875. — Bretagne.

Par *Cheerly*, 1/2 s. N., et une jument bretonne.

Hennebont : 1879. — Castré en 1892.

THERMIDOR, ex-**INO**. — H. N.

B. 1876. — Finistère.

Par *Ino*, 1/2 s. N., et une 1/2 s. B., par Enée, 1/2 s. N.

Lamballe : depuis 1881.

THOMAS. -- H. N.

B. 1876. — Finistère.

Par *Thomas*, 1/2 s. B., et une 1/2 s. B., par Hermion
(trait breton).

Hennebont : 1880. — Abattu le 1er août 1895.

TICE (approuvé). — M. J. Lagrée.

B. 1878. — Ille-et-Vilaine.

Par *Tice*, 1/2 s. N., et une jument bretonne.

Hennebont : 1884. — Réformé en 1897.

TRÉBABU. — H. N.

B. 1875. — Finistère.

Par *Windham*, P. S. A., et une fille d'Aubriot, 1/2 s. B.

Hennebont : depuis 1879.

URGENT (approuvé).
M. Lomée, 1880 ; M. Surcouf, 1887.
Ro. 1876. — Bretagne.
Par *Partisan*, 1/2 s. N., et une jument bretonne.
Hennebont : 1880. — Castré en 1893.

USITÉ (approuvé). — M. Quilliou, 1889 ; M. Rolland, 1894.
B. 1885. — Bretagne.
Par *Vaduis*, 1/2 s. N., et une 1/2 s. B., par Quatrain, 1/2 s. N.
Hennebont : depuis 1889.

VAINQUEUR (approuvé). — M. Y. Sévère, 1896 ; H. N., 1896.
Al. 1892. — Finistère.
Par *Erard*, 1/2 s. B., et une 1/2 s. B., par Ve net, 1/2 s. N.
Lamballe : depuis 1896.

VAINQUEUR (approuvé). — M. F. Miossec.
Bb. 1888. — Bretagne.
Par *Magny*, 1/2 s. N., et une 1/2 s. B., par Emeutier, 1/2 s. N.
Lamballe : 1893. — Castré en décembre 1896.

VAINQUEUR (approuvé).
M. Guivarch, 1880 ; M. Madec, 1881.
Al. 1876. — Bretagne.
Par *Neuilly*, 1/2 s. N., et une 1/2 s. B., par John, 1/2 s. Norf.
Lamballe : 1880. — Hennebont : 1881. — Mort en 1891.

VANDALE (approuvé). — Mme Ve Jugdé.
Al. 1888. — Ille-et-Vilaine.
Par *Vandale*, 1/2 s. B., et une fille de Bijou.
Hennebont : depuis 1892.

VENEUR (approuvé). — Mme Ve Mélinaire.
Ro. 1884. — Bretagne.
Par *Veneur*, 1/2 s. N., et une 1/2 s. B., par Fire-King, 1/2 s. A.
Hennebont : depuis 1888.

VERTIGE. — H. N.

Al. 1877. — Finistère.

Par *Windham*, P. S. A., et une 1/2 s. B., par Pretender,
1/2 s. Norf.

Lamballe : 1881. — Castré le 4 septembre 1893.

VOLTAIRE (approuvé). — M. Jalu.

Gr. 1877. — Bretagne.

Par *Alonzo-the-Brave*, 1/2 s. Norf. A., et une fille de Neptune,
1/2 s. B.

Hennebont : depuis 1881.

VOLTIGEUR. — H. N.

Ro. 1875. — Côtes-du-Nord.

Par *Quiddany*, 1/2 s. N., et une 1/2 s. B., par Gouvieux, P. S. A.

Lamballe : 1883. — Abattu le 22 novembre 1895.

YALROC. — H. N.

Ro. 1889. — Ille-et-Vilaine.

Par *Corlay*, 1/2 s. B., et une fille de Kapirat II, 1/2 s. V.

Hennebont : depuis 1893.

2⁰

ÉTALONS

IMPORTÉS DANS LES CIRCONSCRIPTIONS DE LAMBALLE

ET·D'HENNEBONT

ÉTALONS

Importés dans les Circonscriptions de Lamballe et d'Hennebont.

ABD-EL-KADER, 1/2 s. V. — H. N.
Gr. 1877. — Vendée.
Par *Raz-El-Abiad*, P, S. A., ou *Printemps*, P. S. A.,
et une 1/2 s. V., par Isly, P. S. Ar.
Lamballe : 1881. — Abattu le 20 février 1892.

ADMIRAL, 1/2 s. A. — H. N.
Bb. 1889. — Angleterre.
Par *Holme-Performer*, 1/2 s. A., et *Zaïdée*, 1/2 s. A.
Hennebont : 1894. — Castré le 25 février 1896.

ALCALA, 1/2 s. N. — H. N.
B. 1878. — Manche.
Par *Lavater*, 1/2 s. N., et *Miss-of-Linne*, P. S. A.
Lamballe : 1883. — Mort en station le 30 mai 1891.

ALTHORP-WONDER, 1/2 s. A. — H. N.
Ro. 1885. — Angleterre.
Par *Star-of-the-East*, 1/2 s. A., et *Fanny*, 1/2 s. A.
Hennebont : depuis 1891.

AMASIS, ex-**AZI**, 1/2 s. N. — H. N.
B. 1878. — Calvados.
Par *Elu*, 1/2 s. N., et *Locomotive*, 1/2 s. N., par Esculape,
1/2 s. N.
Sa grand'mère : 1/2 s. B., par Abrantès, 1/2 s. N.
Lamballe : depuis 1882.

APERFIELD, 1/2 s. Norf.-A.— H. N.
Al. 1890. — Angleterre.
Par *Candidate*, 1/2 s. A., et *Primrose*, 1/2 s. A.
Inscrit au S. B. des Hackneys nᵒ 3416.
Lamballe : depuis 1897.

ARCHI, 1/2 s. N. — H. N.
N. 1878. — Manche.
Par *Lavater*, 1/2 s. N., et *Sauvage*, par Milanais, 1/2 s. N.
Sa grand'mère : fille d'Uzel, 1/2 s. N.
Hennebont : 1882. — Castré le 20 août 1896.

ARIOSTE, 1/2 s. N. — H N.
B. 1878. — Calvados.
Par *Orfila*, 1/2 s. N., et *Bijou*, par Beaumanoir, 1/2 s. N.
Sa grand'mère : fille de Voltaire, 1/2 s. N.
Lamballe : 1882. — Castré le 17 août 1897.

ASDRUBAL, ex-**AÉRIEN**, 1/2 s. N. — H. N.
Al. 1878. — Orne.
Par *Gaulois* ou *Oriental*, 1/2 s. N., et *Mignonne*,
par Centaure, 1/2 s. N.
Sa grand'mère : fille d'Y. Volunteer, 1/2 s. A.
Hennebont : 1882. — Mort le 16 avril 1892.

ATHIS, 1/2 s. N. — H. N.
Al. 1878. — Manche.
Par *Kabin*, 1/2 s. N., et une fille de Lucullus, 1/2 s. N.
Hennebont : 1882. — Abattu le 17 juillet 1897.

ATTORNEY, 1/2 s. N. — H. N.
B. 1878. — Manche.
Par *Quettreville*, 1/2 s. N., et *Bijou*, par Beaumanoir, 1/2 s. N.
Sa grand'mère : fille de Cancale, 1/2 s. N.
Hennebont : 1882.

AUBIGNY, 1/2 s. N. — H. N.
Al. 1878. — Manche.
Par *Oranger*, 1/2 s. N., et *Lisette*, par Inkermann, 1/2 s. N.
Hennebont : depuis 1882.

AUGIAS, ex-**ACCACIA**, 1/2 s. N. — H. N.

Al. 1878. — Calvados.

Par *Elu*, 1/2 s. N., et *Thérèse*, 1/2 s. N., par Le More, 1/2 s. N.

Sa grand'mère : 1/2 s. N., par Introuvable, 1/2 s. N.

Lamballe : 1882. — Castré le 5 novembre.

AUGUST, 1/2 s. Norf.-A. — H. N.

Bb. 1889. — Angleterre.

Par *Grey-Gentleman*, 1/2 s. A., et *Lass O'Donalds*, 1/2 s. A.,
par Donald-Caird, 1/2 s. A.

Lamballe : 1895. 15 février 1897. — Passé à l'école
des Haras du Pin.

BAJAZET, 1/2 s. N. — H. N.

Al. 1879. — Manche.

Par *Romano*, 1/2 s. N., et *Castille*, par Lansborn, 1/2 s. N.

Sa grand'mère : par Beaumanoir ou Volant, 1/2 s. N.

Hennebont : depuis 1883. — Castré le 14 août 1894.

BALADIN, 1/2 s. N.

M. Cosnard, autorisé en 1896; approuvé en 1897.
Ro. 1886. — Normandie.

Par *Serpolet-Rouan*, 1/2 s. N., et une fille d'Ouvrier,
1/2 s. N. (approuvé).

Hennebont : depuis 1896.

BANCO, ex-**BOIS-LE-DUC**, 1/2 s. N. — H. N.

B. 1879. — Calvados.

Par *Blenheim*, 1/2 s. A., et *Bijou*, 1/2 s. N., par Umber, 1/2 s. N.

Sa grand'mère : 1/2 s. N., par Vladimir, 1/2 s. N.

Lamballe : 1883. — Castré le 28 août 1895.

BANK-NOTE, 1/2 s. Norf. Angl. — H. N.

B. 1893. — Angleterre.

Par *Lord-Rattler* et *Nasturtium*, par Foston-Fire-Away.

Lamballe : depuis 1898.

BARBE-EN-ZINC, 1/2 s. N. — H. N.
Bb. 1889. — Calvados.
Par *Tigris*, 1/2 s. N., et *Hadaune*, 1/2 s. N., par Rivoli, 1/2 s. N
Sa grand'mère: 1/2 s. N., par Niger, 1/2 s. N.
Lamballe: depuis 1894.

BASSANO, 1/2 s. N. — H. N.
B. 1879. — Calvados.
Par *Nomen*, 1/2 s. N., et *Clara*, par Jovial, 1/2 s. N.
Lamballe: 1883. — Castré le 21 août 1894.

BATAILLE, 1/2 s. N. — H. N.
Al. 1879. — Orne.
Par *Clear-the-Way*, 1/2 s. A., et *Florentine*, 1/2 s. N.,
par Fleuron, 1/2 s. N.
Lamballe: depuis 1883.

BEAUSÉJOUR, 1/2 s. Ch. — H. N.
Al. 1879. — Charente-Inférieure.
Par *Quibbler*, 1/2 s. N., et une 1/2 s. Char., par Nezel, 1/2 s. N.
Hennebont: 1883. — Mort le 8 septembre 1896.

BEAUVAIS, 1/2 s. N. — H. N.
Bb. 1879. — Manche.
Par *Orfila* ou *Rostrum*, 1/2 s. N., et *Gaselle*, 1/2 s. N.
Lamballe: 1883. — Castré le 28 août 1895.

BÉGONIA, 1/2 s. N. — H. N.
B. 1879. — Calvados.
Par *Noville*, 1/2 s. N., et *Cendrillon*, par Conquérant, 1/2 s. N.
La Roche-sur-Yon: 1885-1890. — Lamballe: depuis 1891.

BIRDSALL-CONNAUGHT, 1/2 s. Norf.-Ang. — H. N.
Al. 1894. — Angleterre.
Par *Garton-Duke-of-Connaught* et *Daisy-Triffilhna*,
par Fire-Away.
Lamballe: depuis 1898.

BITLEY, ex-**JUNIPER**, 1/2 s. Norf. — H. N.
B. 1886. — Angleterre.
Par *Lord-Bardolph*, 1/2 s. Norf., et une fille de Spidler, 1/2 s. Norf.
Lamballe : depuis 1890.

BLACK-ARROW, 1/2 s. A. — H. N.
N. 1891. — Angleterre.
Par *Charley-Merry-Legs III* et *Dina*, par Denmark, 1/2 s. A.
Hennebont : depuis 1897.

BLACK-DIAMOND, 1/2 s. Am. — Autorisé en 1893.
N. 1886. — Amérique.
Par *Faustus* et *Bay-Mollir*.
Hennebont : 1893. — Castré en 1894.

BLACK-FIRE-AWAY, 1/2 s. Norf. — H. N.
N. 1877. — Angleterre.
Origine anglaise.
Lamballe : 1882. — Abattu le 29 juillet 1897.

BLACK-HERO, 1/2 s. Norf.-A. — H. N.
A. 1885. — Angleterre.
Par *Norfolk-Phœnomenon*, 1/2 s. Norf.-A., et une fille de
Prickwillow, 1/2 s. Norf.-A.
Hennebont : 1891. — Castré le 23 décembre 1897.

BLEDELOW, 1/2 s. A. — H. N.
Gr. 1879. — Angleterre.
Son père : 1/2 s. Norf. ; Sa mère : 1/2 s. Norf.
Le Pin : 1882-1890. — Lamballe : 1891.
Castré le 4 septembre 1893.

BLUE-ROAN, 1/2 s. Norf.-A. — H. N.
Gr. 1887. — Angleterre.
Par *Great-Shot*, 1/2 s. Norf., et une fille d'Ambition, 1/2 s. Norf.
Lamballe : 1891. — Castré le 8 novembre 1895.

BOIS-LE-DUC, ex-**BANCO**, 1/2 s. N. — H. N.
Bb. 1879. — Manche.
Par *Qui-Vive*, 1/2 s. N., et *Sir-Edwin*, 1/2 s. N.,
par Sir-Edwin-Landseer, 1/2 s. A.
Lamballe : 1883. — Castré le 21 août 1890.

BRODY, 1/2 s. N. — H. N.
B. 1879. — Calvados.
Par *Elu* ou *Raifort*, 1/2 s. N., et *Rachel*, par Irlandais, 1/2 s. N,
Sa grand'mère : fille d'Esculape, 1/2 s. N.
Hennebont : 1883. — Castré le 7 septembre 1893.

BRONZE, 1/2 s. N. — H. N.
Al. 1879. — Manche.
Par *Quinte-Curce*, 1/2 s. N , et *Parfaite*, 1/2 s. N.,
par Beaumanoir, 1/2 s. N.
Lamballe : 1883. — Castré le 7 novembre 1891.

BURY-PERFORMER, 1/2 s. A. — H. N.
Al. 1891. — Angleterre.
Par *Silver-Cross*, 1/2 s. A., et *Mermaid*, par Lord-Derby, 1/2 s. A
Hennebont : 1897. — Abattu le 13 mai 1898.

CAÏD, 1/2 s. N. — H. N.
Al. 1880. — Manche.
Par *Romano*, 1/2 s. N., et *Sophie*, 1/2 s. N.,
par Germanicus, 1/2 s. N.
Lamballe : 1884. — Castré le 22 août 1896.

CALIGULA, ex-**CLAIRON**, 1/2 s. N.— H. N.
Bb. 1877. — Normandie.
Origine inconnue.
Lamballe : depuis 1884.

CAMOUFLET, 1/2 s. N. — H. N.
B. 1880. — Orne.
Par *Serpolet-Bai*, 1/2 s. N., et *Sérénade*, par Destin, 1/2 s. N.
Sa grand'mère : par Homère, 1/2 s. N.
Lamballe : 1884. — Castré le 2 février 1894.

CAMPANA, 1/2 s. N. — H. N.
Bb. 1880. — Manche.
Par *Henry*, P. S. A., et *Pâquerette*, par Conquérant, 1/2 s. N.
Sa grand'mère : par The Heir-of-Linne, P. S. A.
Hennebont : 1884. — Castré le 20 août 1891.

CAMPISTON, ex-**COURAGEUX**, 1/2 s. Char. — H. N.
B. 1880. — Charente-Inférieure.
Par *Paris*, 1/2 s. N., et une fille de Misanthrope, 1/2 s. Char.
Hennebont : 1884. — Castré le 15 septembre 1892.

CANISY, ex-**CORSAIRE**, 1/2 s. Carr. — H. N.
Al. 1877. — Oise.
Par *Corsaire*, 1/2 s. N., et une fille de Bayard, 1/2 s. N.
Hennebont : 1881. — Abattu le 10 mai 1892.

CANTINEER, 1/2 s. A. — H. N.
B. 1887. — Anglet.
Origine anglaise.
Hennebont : depuis 1894.

CASINO, 1/2 s. V. — H. N.
Aub. 1880. — Vendée.
Par *Qu'en-dira-t-on?*, 1/2 s. N., et une 1/2 s. V.,
par Farmer's-Glory, 1/2 s. A.
Hennebont : 1885. — Castré le 18 mai 1892.

CASTOR, 1/2 s. N. — H. N.
Aub. 1880. — Orne.
Par *Marignan*, 1/2 s. N., et *Miss-Lala*, 1/2 s. N.,
par Rapid-Roan, 1/2 s. A.
Sa grand'mère : par Centaure, 1/2 s. N.
Hennebont : 1884. — Castré le 20 août 1891.

CHAMPION, 1/2 s. N. — H. N.
Al. 1880. — Manche.
Par *Newton*, 1/2 s. N., et *Parfaite*, par Divus, 1/2 s. N.
Sa grand'mère : par Junior, 1/2 s. N.
Sa bisaïeule : par Ballinkeele.
Lamballe : depuis 1884.

CHAPERON, 1/2 s. N. — H. N.
B. 1880. — Manche.
Par *Quarteron*, 1/2 s. N., et *Castille*, par Laboureur, 1/2 s. N.
Sa grand'mère : par Hippocrate, 1/2 s. N.
Lamballe : 1884. — Castré le 3 novembre 1893.

CONTENT, ex-**JOVIAL**, 1/2 s. N. —. H. N.

B. 1886. — Eure.

Par *Hippomène*, 1/2 s. Big., et *Mademoiselle-de-Sainte-Opportune*, par Rivoli, 1/2 s. N.

Voir S. B. N., t. II, Mademoiselle-de-Sainte-Opportune, n° 4980. — S. B. N., t. I, n° 281.

Le Pin : 1891-1897. — Lamballe : depuis 1898.

CORIANDER, 1/2 s. Carr. — H. N.

Al. 1880. — Aisne.

Par *Gaspardo*, 1/2 s. A., et *Danaë*, 1/2 s. A.

Lamballe : depuis 1884.

DERHAM-GENTLEMAN, 1/2 s. A. — H. N.

Al. 1886. — Angleterre.

Par *Y. Gentleman*, 1/2 s. A., et *Lincoln-Lady*, 1/2 s. A.

Hennebont : 1890. — Castré le 15 septembre 1892.

DREAM, 1/2 s. N. (approuvé). — M. L. Gérard.

B. 1881. — Normandie.

Par *Rénémesnil*, 1/2 s. N., et une fille de Jactator, 1/2 s. N.

Hennebont : depuis 1889.

DROLE-DE-CORPS, 1/2 s. N. — H. N.

Al. 1881. — Eure.

Par *Niger*, 1/2 s. N., et *Zaine*, par Conquérant, 1/2 s. N.
Sa grand'mère : fille de Carrignan, 1/2 s. N.
Hennebont : 1885. — Castré le 5 août 1897.

ELPHÈGE, 1/2 s. N. — H. N.

Al. 1882. — Manche.

Par *Shamrock*, 1/2 s. A., et *Mignonne*, par Hunter, 1/2 s. N.
Hennebont : 1889. — Castré le 5 août 1897.

ENGHIEN, ex-**EXPOSÉ**, 1/2 s. N. — H. N.

B. 1882. — Manche.

Par *Sérieux*, 1/2 s. N., et *Ragot*, 1/2 s. N., par Violent, 1/2 s. N.
Lamballe : depuis 1886.

ÉTIENNE, ex-**ÉPATEUR**, 1/2 s. N. — H. N.
B. 1882. — Calvados.
Par *Utrecht*, 1/2 s. N., et *Margot*, 1/2 s. N.,
par Harmonieux, 1/2 s. N.
Sa grand'mère : par Eylau, ?. S. A.-Ar.
Lamballe : depuis 1886.

ÉTRETAT, 1/2 s. N. — H. N.
B. 1882. — Calvados.
Par *Phare*, 1/2 s. N., et *Lisette*, 1/2 s. N., par Bravo, 1/2 s. N.
Sa grand'mère : par Kapirat, 1/2 s. N.
Lamballe : depuis 1886.

EXILÉ, 1/2 s. N. (approuvé).
M. Limée, 1886 ; M. Surcouff, 1887 ; M. Fauvel, 1893.
Bb. 1882. — Normandie.
Par *Ximénès*, 1/2 s. N., et *Bergère*, 1/2 s. N.
Hennebont : depuis 1886.

FERRET, ex-**FAISAN**, 1/2 s. N. — H. N.
Bb. 1883. — Calvados.
Par *Phare*, 1/2 s. N., et *Rosette*, 1/2 s. N., par Quotient, 1/2 s. N.
Sa grand'mère : par Dimanche, 1/2 s. N.
Lamballe : depuis 1887.

FIGARO, 1/2 s. N. — H. N.
B. 1883. — Manche.
Par *Lavater*, 1/2 s. N., et *Miss-of-Linne*, P. S. A.
Lamballe : 1887. — Castré le 22 août 1896.

GALILÉE, 1/2 s. N. — H. N.
Al. 1884. — Orne.
Par *Typique*, 1/2 s. N., et *Bernique*, 1/2 s. N., par Liberator,
1/2 s. A.
Hennebont : depuis 1888.

GALLUS, ex-**NEWMARKET**, 1/2 s. N. — H. N.
Bb. 1884. — Eure.
Par *Rivoli*, 1/2 s. N., et *Nitta*, par Ipsilanty, 1/2 s. N.
Sa grand'mère : par Pledge, 1/2 s. N.
Hennebont : depuis 1888.

GARTON-DENMARK, 1/2 s. Norf.-A. — H. N.
Al. 1890. — Angleterre (Yorkshire).
Par *Connaught*, 1/2 s. A., et *Lady-Cook*, 1/2 s. A.
Lamballe : 1894. — Passé au dépôt de Tarbes
le 10 décembre 1894.

GASPARD, 1/2 s. N. — H. N.
N. 1884. — Calvados.
Par *Valencourt*, 1/2 s. N., et *Niniche*, par Phaëton, 1/2 s. N.
Sa grand'mère : par Conquérant, 1/2 s. N.
Hennebont : depuis 1888.

GENGIS-KHAN, 1/2 s. N. — H. N.
N. 1884. — Calvados.
Par *Valencourt*, 1/2 s. N., et *Commère*, par Normand, 1/2 s. N.
Sa grand'mère : par Conquérant, 1/2 s. N.
Hennebont : 1888. — Castré le 21 août 1894.

GENTLEMAN, 1/2 s. N. — H. N.
Bb. 1884. — Calvados.
Par *Tigris*, 1/2 s. N., et *Baïonnette*, par Conquérant, 1/2 s. N.
Sa grand'mère : Victoire, P. S. A.
Hennebont : depuis 1889.

GÉRAUDEL, 1/2 s. N. — H. N.
B. 1884. — Calvados.
Par *Rivoli*, 1/2 s. N., et *Walinda*, par Normand, 1/2 s. N.
Sa grand'mère : par Moteur, 1/2 s. N.
Hennebont : depuis 1888.

GOOD, ex-**GABELOU**, 1/2 s. N. — H. N.
Al. 1884. — Calvados.
Par *Niger*, 1/2 s. N., et *Passante*, par Normand, 1/2 s. N.
Sa grand'mère : par Vice-Roi, 1/2 s. N.
Hennebont : depuis 1888.

GOOD-BY, ex-**PRETENDER**, 1/2 s. Norf.-A. — H. N.
B. 1869. — Angleterre.
Par *Highflyer*, 1/2 s. Norf.-A., et une fille d'Hero, 1/2 s. Norf.
Hennebont : 1877. — Abattu le 30 août 1892.

GRACIEUX, 1/2 s. N. — H. N.
Al. 1884. — Manche.
Par *Usuel*, 1/2 s. N., et *Jacksone*, 1/2 s. N., par Jackson, 1/2 s. A.
Sa grand'mère : par Nemrod, 1/2 s. N.
Hennebont : depuis 1888.

GREAT-GUN, 1/2 s. A. — H. N.
Al. 1876. — Angleterre.
Origine anglaise.
Lamballe : 1882. — Castré le 13 septembre 1892.

GUIGNOLET, 1/2 s. N. — H. N.
B. 1884. — Orne.
Par *Vichnou*, P. S. A., et une fille de Taconnet, 1/2 s. N.
Sa grand'mère, par Esculape, 1/2 s. N.
Hennebont : 1888. — Castré le 2 août 1891.

HALÉVY, ex-**BALTHAZAR**, 1/2 s. N. — H. N.
B. 1885. — Calvados.
Par *Valencourt*, 1/2 s. N., et *Victoria*, 1/2 s. N., par Noville,
1/2 s. N.
Sa grand'mère : par Conquérant, 1/2 s. N.
Lamballe : 1889. — A l'Ecole des Haras du Pin le 23 janvier 1893.

HALO, 1/2 s. N. — H. N.
B. 1885. — Manche.
Par *Lavater*, 1/2 s. N., et *Miss-of-Linne*, P. S. A.
Hennebont : 1890. — Mort le 5 août 1896.

HAMAC, ex-**HÉRAUT**, 1/2 s. N. — H. N.
Aub. 1885. — Manche.
Par *Usuel*, 1/2 s. N., et *Cocotte*, 1/2 s. N., par Jackson, 1/2 s. A.
Sa grand'mère : par Elu, 1/2 s. N.
Lamballe : 1889. — Castré le 12 décembre 1896.

HAMADAN, 1/2 s. N. — H. N.
Bb. 1885. — Calvados.
Par *Caprara* ou *Arsace*, 1/2 s. N., et *Mignonne*, par Roncevaux,
1/2 s. N.
Hennebont: 1889. — Castré le 14 août 1894.

HARD-TIMES II, 1/2 s. Norf.-A. — H. N.
Al. 1890. — Angleterre.
Origine anglaise.
Inscrit au Stud Book des Hackneys, n° 4300.
Lamballe : depuis 1894.

HASARDEUX, 1/2 s. Carr. — H. N.
B. 1885. — Loire-Inférieure.
Par *Hippomène*, 1/2 s. du Midi, et *Donzelle*, par Trésorier,
1/2 s. N.
Sa grand'mère : fille d'Irlandais, 1/2 s. N.
Hennebont : depuis 1889.

HÉLIOTROPE, 1/2 s. N. — H. N.
B. 1885. — Calvados.
Par *Valencourt*, 1/2 s. N., et *Jeanne-d'Arc*, 1/2 s. N.,
par Conquérant, 1/2 s. N.
Sa grand'mère : fille de The Heir-of-Linne, P. S. A.
Lamballe : depuis 1889.

HENRI, 1/2 s. N. — H. N.
Bb. 1884. — Calvados.
Par *Unal*, 1/2 s. N., et *Normandie*, par Normand, 1/2 s. N.
Hennebont : 1888. — Castré le 12 décembre 1895.

HERMÈS, 1/2 s. N. — H. N.
B. 1885. — Calvados.
Par *Rivoli*, 1/2 s. N., et *Walinda*, 1/2 s. N., par Normand,
1/2 s. N.
Lamballe : depuis 1890.

HONFLEUR, 1/2 s. V. — H. N.
Ro. 1885. — Vendée.
Par *Nectar*, 1/2 s. N., et une 1/2 s. V., par Urville, 1/2 s. N.
Sa grand'mère : 1/2 s. V., par Jambes-d'Argent, 1/2 s. N.
Hennebont : depuis 1889.

HOTSPUR, 1/2 s. Norf.-A. — H. N.
Al. 1889. — Angleterre.
Par *Reality*, 1/2 s. A., et *Wild-Rose*, 1/2 s. A.,
par The Gentleman, 1/2 s. A.
Lamballe : depuis 1895.

HOWSHAM-PERFORMER, 1/2 s. Norf.-A. — H. N.
B. 1893. — Angleterre.
Par *Fire-Away*, 1/2 s. A., et *Nancy*, 1/2 s. A., par Prime-Minister,
1/2 s. A.
Inscrit au S. B. des Hackneys, n° 6063.
Lamballe : depuis 1897.

IMPAIR, ex-**IRIS**, 1/2 s. N. — H. N.
B. 1886. — Calvados.
Par *Oglio*, 1/2 s. N., et *Ragote*, par Rocroi, 1/2 s. N.
Sa grand'mère : fille d'Encenseur, 1/2 s. N.
Lamballe : depuis 1890.

INCISIF, ex-**ILLICO**, 1/2 s. N. — H. N.
B. 1886. — Manche.
Par *Shamrock*, 1/2 s. A., et *Lisette*, par Hunter, 1/2 s. N.
Sa grand'mère : par Orgueilleux, 1/2 s. N.
Hennebont : depuis 1890.

INDOMPTÉ, ex-**IRMINSUL**, 1/2 s. N. — H. N.
Bb. 1886. — Calvados.
Par *Seymour*, 1/2 s. N., et *Julie*, par Phare, 1/2 s. N.
Sa grand'mère : par Eloi, 1/2 s. N.
Lamballe : depuis 1890.

INKERMANN, 1/2 s. N. — H. N.
B. 1886. — Calvados.
Par *Phaëton*, 1/2 s. N., et *Abeille*, 1/2 s. N., par Interprète,
1/2 s. N.
Sa grand'mère : 1/2 s. N., par Montfort, P. S. A.
Lamballe : depuis 1891.

INTÈGRE, 1/2 s. N. — H. N.
B. 1886. — Manche.
Par *Astyanax*, 1/2 s. N., et *Lisette*, par Patrick, 1/2 s. N.
Sa grand'mère : par Sackos, 1/2 s. N.
Hennebont : depuis 1890.

ITON, 1/2 s. Char. — H. N.
B. 1886. — Charente-Inférieure.
Par *Valdempierre*, 1/2 s. N., et *Cybèle*, 1/2 s. N.,
par Norfolk-Trotter, 1/2 s. A.
Hennebont : depuis 1890.

IVRY, 1/2 s. N. — H. N.
B. 1886. — Manche.
Par *Lavater*, 1/2 s. N., et *Augustine*, P. S. A., par Auguste.
Lamballe : 1891.
Passé au dépôt d'Angers le 23 décembre 1894.

IZERON, ex-**ILLICO**, 1/2 s. V. — H. N.
Aub. 1886. — Vendée.
Par *Desgenettes*, 1/2 s. V., et *Devise*, 1/2 s. V., par Tigris, 1/2 s. N.,
ou Matchless, 1/2 s. A.
Lamballe : depuis 1890.

JARGON, ex-**JASMIN**, 1/2 s. Char. — H. N.
Bb. 1887. — Charente-Inférieure.
Par *Decresendo*, 1/2 s. N., et *Biche*, 1/2 s. N., par Bissextil, P. S. A.
Hennebont : 1891. — Castré le 20 août 1891.

JEAN-LE-BON, ex-**JASON**, 1/2 s. N. — H. N.
B. 1887. — Orne.
Par *Cherbourg*, 1/2 s. N., et *Uranie*, 1/2 s. N., par Niger, 1/2 s. N.
Sa grand'mère : Dame-de-Cœur, 1/2 s. N., par Wildfire, 1/2 s. A.
Sa bisaïeule : 1/2 s. N., par Friedland, P. S. A.
Lamballe : 1891.
Passé au dépôt d'Angers le 28 décembre 1893.

JEAN-SANS-TERRE, 1/2 s. N. — H. N.
N. 1887. — Orne.
Par *Valdempierre* ou *Phaëton*, 1/2 s. N., et *Queen*,
par Eclipse, 1/2 s. N.
Hennebont : depuis 1891.

JENNER, 1/2 s. N. — H. N.
N. 1887. — Manche.
Par *Betting*, 1/2 s. N., et *Margotte*, par Producteur, 1/2 s. N.
Hennebont : depuis 1891.

JÉRÉMIE, ex-**JOURDAN**, 1/2 s. N. — H. N.
Al. 1887. — Orne.
Par *Usquebac*, 1/2 s. N., et *Florentine*, 1/2 s. N.,
par Quiclet, 1/2 s. N.
Lamballe : 1891.
Passé à l'école des Haras du Pin le 23 janvier 1893.

JOAD, ex-**JASMIN**, 1/2 s. Char. — H. N.
Bb. 1887. — Charente-Inférieure.
Par *Orphéon*, 1/2 s. N., et *Africaine*, 1/2 s. Char.,
par Pâris, 1/2 s. N.
Sa grand'mère : 1/2 s. V., par Obéron, 1/2 s. N.
Hennebont : 1891. — Castré le 7 septembre 1893.

JOVIAL, 1/2 s. N. — H. N.
B. 1887. — Calvados.
Par *Tigris*, 1/2 s. N., et *Diva*, 1/2 s. N., par Normand, 1/2 s. N.
Hennebont : depuis 1892.

JUBA, ex-**JOCKO**, 1/2 s. V. — H. N.
B. 1887. — Vendée.
Par *Nectar*, 1/2 s. N., et *Hélène*, 1/2 s. V.,
par Passe-Père, F. S. A.
Sa grand'mère : 1/2 s. V., par Jacquard, 1/2 s. N.
Hennebont : depuis 1891.

JUNIPER-OF-ELY, 1/2 s. Norf.=A. — H. N.
B. 1885. — Angleterre.
Par *Fire-Away*, 1/2 s. Norf., et une fille de Perfection, 1/2 s. Norf.
Lamballe : depuis 1890.

JUPIN, 1/2 s. N. — H. N.
B. 1887. — Manche.
Par *Shamrock*, 1/2 s. A., et *Vigilante*, 1/2 s. N.,
par Hélios, 1/2 s. N.
Lamballe : 1891. — Castré le 28 août 1895.

JUPITER XIII, 1/2 s. Char. — H. N.
B. 1887. — Charente=Inférieure.
Par *César*, 1/2 s. N., et *Mouche*, 1/2 s. Char., par Montbars,
P. S. A.
Lamballe : 1892. — Castré le 22 août 1896.

KABIN, 1/2 s. N. — H. N.
B. 1888. — Manche.
Par *Electro*, 1/2 s. N., et une fille de Shamrock, 1/2 s. A.
Hennebont : 1892. — Castré le 5 août 1897.

KABOUL, 1/2 s. V. — H. N.
Al. 1888. — Vendée.
Par *Felsins*, 1/2 s. V., et *Gentillette*, 1/2 s. V., par Quimos,
1/2 s. N.
Lamballe : depuis 1892.

KALENDER, 1/2 s. N. — H. N.
B. 1888. — Calvados.
Par *Bataillon*, 1/2 s. N., et une fille de Magicien, 1/2 s. N.
Hennebont : 1892. — Castré le 6 avril 1893.

KAMORS, ex-**KANGUROO**, 1/2 s. N. — H. N.
B. 1888. — Manche.
Par *Vanikoro*, 1/2 s. N., et *Mignonne*, 1/2 s. N.
Sa grand'mère : par Tamerlan, 1/2 s. N.
Lamballe : depuis 1892.

KANDJIAR, 1/2 s. N. — H. N.
B. 1888. — Manche.
Par *Ermite*, 1/2 s. N., et *Baillette*, par Malakoff, 1/2 s. N.
Hennebont : depuis 1892.

KANGUROO, 1/2 s. V. — H. N.
B. 1888. — Loire-Inférieure.
Par *Arcole*, 1/2 s. N., et une 1/2 s. V., par Nique, 1/2 s. N.
Sa grand'mère : 1/2 s. V., par Ravissant, 1/2 s. N.
Lamballe : depuis 1892.

KAPIRAT, 1/2 s. Char. — H. N.
N. 1888. — Charente-Inférieure.
Par *Suleyman*, 1/2 s. N., et une fille de Quibbler, 1/2 s. N.
Hennebont : depuis 1892.

KARABÉ, 1/2 s. N. — H. N.
Al. 1888. — Calvados.
Par *Ultique*, 1/2 s. N., et *Glorieuse*, 1/2 s. N., par Priam,
1/2 s. N.
Sa grand'mère : 1/2 s. N., par Priam, 1/2 s. N.
Lamballe : depuis 1892.

KARAT, 1/2 s. N. — H. N.
Bb. 1888. — Manche.
Par *Frondeur*, 1/2 s. N., et *Rapide*, 1/2 s. N., par Ignoré,
1/2 s. N.
Sa grand'mère : 1/2 s. N., par Daniel, P. S. A.
Lamballe : depuis 1893.

KARS, 1/2 s. N. — H. N.
B. 1888. — Manche.
Par *Fontainebleau*, 1/2 s. N., et *Mignonne*, 1/2 s. N.,
par Mine-d'Or, 1/2 s. N.
Hennebont : depuis 1892.

KAVIAR, 1/2 s. N. — H. N.
B. 1888. — Orne.
Par *Cherbourg*, 1/2 s. N., et *Eva*, par Phaéton, 1/2 s. N.
Sa grand'mère : Pégriote, par Elu, 1/2 s. N.
Voir S. B. N., t. II, Eva, no 4066.
Lamballe : depuis 1892.

KÉPLER, 1/2 s. N. — H. N.

N. 1888. — Manche.

Par *Agnadel*, 1/2 s. N., et *Parfaite*, 1/2 s. N., par Marco-Spada, 1/2 s. N.

Hennebont : depuis 1892.

KÉRISPER, 1/2 s. N. — H. N.

Al. 1888. — Orne.

Par *Beaugé*, 1/2 s N., et *Gitana*, 1/2 s. N., par Phaëton, 1/2 s. N.
Sa grand'mère : Brillante, 1/2 s. N., par Abrantès, 1/2 s. N.
Voir Gitana, nº 4298, S. B. N., t. II.
Lamballe : depuis 1893.

KINGSLAND-FASHION, 1/2 s. A. — H. N.

N. 1891. — Angleterre.

Par *Cadet*, 1/2 s. A., et une fille de Beaconsfield, 1/2 s. A.
Hennebont : depuis 1895.

KOCIUSCO, 1/2 s. N. — H. N.

Al. 1888. — Calvados.

Par *Un*, 1/2 s. N., et *Palmyre*, 1/2 s. N., par Valère, 1/2 s. N.
Lamballe : depuis 1892.

KOSROÈS, 1/2 s. Midi. — H. N.

Al. 1883. — Haute-Vienne.

Par *Bambou*, 1/2 s. Ar., et une 1/2 s. du Midi, par Alcoran, P. S. Ar.
Hennebont : 1887. — Castré le 20 août 1896.

KOUNT, ex-**KILADRE**, 1/2 s. N. — H. N.

B. 1888. — Calvados.

Par *Quality*, 1/2 s. N., et une fille d'Harmonieux, 1/2 s. N.
Hennebont : depuis 1892.

KROUËS, 1/2 s. N. — H. N.

B. 1888. — Calvados.

Par *Phare*, 1/2 s. N., et *Ribaude*, 1/2 s. N., par Ribaud, 1/2 s. N.
Sa grand'mère : 1/2 s. N., par Dragon, P. S. A.
Lamballe : 1892. — Abattu le 5 novembre 1892.

LABAN, 1/2 s. Char. — H. N.
Bb. 1889. — Charente-Inférieure.
Par *Auditeur*, 1/2 s. V., et une fille d'Egée, 1/2 s. N.
Hennebont : depuis 1893.

LAMPLUGH, 1/2 s. N. — H. N.
B. 1889. — Manche.
Par *Fred-Archer*, 1/2 s. N., et une fille de Télémaque, 1/2 s. N.
Hennebont : depuis 1893.

LANCASTRE, 1/2 s. N. — H. N.
B. 1889. — Manche.
Par *Domino-Noir*, 1/2 s. N., et une fille de Va-de-bon-Cœur,
1/2 s. N.
Hennebont : depuis 1893.

LANCASTRE, 1/2 s. N.
Bb. 1867. — Orne.
Par *Noteur*, 1/2 s. N., et une 1/2 s. N.
Lamballe : 1872. — Abattu le 28 mars 1891.

LAON, 1/2 s. N. — H. N.
B. 1889. — Manche.
Par *Domino-Noir*, 1/2 s. N., et *Miss-Reynolds*, 1/2 s. N.,
par Reynolds, 1/2 s. N.
Sa grand'mère : Volante, par Volant, 1/2 s. N.
Sa bisaïeule : 1/2 s. N., par Qui-perd-Gagne, 1/2 s. N.
Sa trisaïeule : 1/2 s. N., par Camisard, 1/2 s. N.
Lamballe : depuis 1893.

LAPLACE, 1/2 s. N. — H. N.
B. 1889. — Manche.
Par *Défendu*, 1/2 s. N., et une fille de Nadar, 1/2 s. N.
Hennebont : depuis 1893.

LARIGOT, 1/2 s. N. — H. N.
N. 1889. — Calvados.
Par *Phare*, 1/2 s. N., et une fille de Ribaud, 1/2 s. N.
Hennebont : 1893. — Castré le 20 août 1896.

LA TRÉMOUILLE, 1/2 s. N. — H. N.

B. 1889. — Manche.

Par *Dacapo*, 1/2 s. N., et *Lisette*, 1/2 s. N., par Santerre, 1/2 s. N.
Sa grand'mère : 1/2 s. N., par Ourson (approuvé), 1/2 s. N.
Lamballe : 1893. — Castré le 8 novembre 1895.

LAVAL, 1/2 s. N. — H. N.

Al. 1889. — Orne.

Par *Gérardmer*, 1/2 s. N., et une fille de Vouziers, 1/2 s. N.
Hennebont : depuis 1893.

LÉO, 1/2 s. V. — H. N.

Al. 1889. — Vendée.

Par *Gascon*, 1/2 s. V., et une vendéenne, par Bénévole, 1/2 s. V.
Lamballe : 1893. — Castré le 8 décembre 1893.

LIBERTIN, 1/2 s. N. — H. N.

Al. 1889. — Oise.

Par *Daguet*, 1/2 s. N., et *La Bresle*, par Mardochée, 1/2 s. N.
Hennebont : depuis 1895.

LIBERTIN, 1/2 s. Char. — H. N.

Al. 1889. — Charente-Inférieure.

Par *Lasborde*,, 1/2 s. Bigourd., et une 1/2 s. Char., par Quesnay,
1/2 s. N.
Lamballe : 1893. — Passé à Blois le 18 janvier 1894.

LINGOT-D'OR, 1/2 s. N. — H. N.

B. 1889. — Calvados.

Par *Hardy*, 1/2 s. N., et une fille de Conquérant, 1/2 s. N.
Hennebont ; depuis 1893.]

LODI, 1/2 s. N. — H. N.

B. 1889. — Calvados.

Par *Eperlan*, 1/2 s. N., et une fille de Phare, 1/2 s. N.
Hennebont : depuis 1893.

LOPHOFOR, ex-**LIBÉRAL**, 1/2 s. N. — H. N.
B. 1889. — Manche.
Par *Germinl*, 1/2 s. N., et *Bijou*, 1/2 s. N., par Ray-Grass
1/2 s. N.
Sa grand'mère : 1/2 s. N., par Tempête, 1/2 s. N.
Lamballe : depuis 1893.

LORD-CARLETON, 1/2 s. A. — H. N.
N. 1888. — Angleterre.
Par *Robin-Adair*, 1/2 s. A., et *Lady-Hethel*, 1/2 s. A.
Hennebont : 1893. — Passé à l'Ecole du Pin le 18 juin 1896.

LORD-DASH, 1/2 s. Norf. — H. N.
B. 1889. — Angleterre.
Par *Parangon*, 1/2 s. Norf., et *Opelia II*, 1/2 s. Norf.,
par Hawstone, 1/2 s. Norf.
Inscrit au Stud Book des Hackneys, nº 3249.
Lamballe : depuis 1893.

LORD-RANDY, 1/2 s. Norf. — H. N.
Al. 1892. — Angleterre.
Par *Lord-Randolph V*, 1/2 s. Norf., et *Lady-Beaconsfield*,
1/2 s. Norf.
Lamballe : depuis 1896.

LORIOT, 1/2 s. N. — H. N.
R. 1889. — Calvados.
Par *Saint-Rigomer*, 1/2 s. N., et *Vigourse*, 1/2 s. N.,
par Ulbach, 1/2 s. V.
Lamballe : depuis 1893.

LUDION, ex-**LIBÉRAL**, 1/2 s. V. — H. N.
Bb. 1889. — Vendée.
Par *Albrant*, 1/2 s. N., et *Cora*, 1/2 s. V., par Nectar, 1/2 s. N.
Sa grand'mère : 1/2 s. V., par Gambetti, P. S. A.
Lamballe : 1893. — Castré le 2 février 1894.

MADRID, ex-**JAMAIS**, 1/2 s. N. — H. N.
B. 1890. — Calvados.
Par *Bledelow*, 1/2 s. A., et *Etincelle*, 1/2 s. N.,
par Norfolk-Trotter, 1/2 s. A.
Lamballe : depuis 1894.

MAGICIEN, 1/2 s. N. — H. N.
B. 1890. — Manche.
Par *Elbourg*, 1/2 s. N., et *Fidèle*, par Fidèle-au-Malheur, 1/2 s. N.
Hennebont : depuis 1894.

MAGICIEN, 1/2 s. N. — H. N.
B. 1890. — Calvados.
Par *Eperlan* ou *Grand-Maître*, 1/2 s. N., et Mascotte, 1/2 s. N.,
par Templier, 1/2 s. N.
Sa grand'mère : par Orphelin, 1/2 s. N.
Lamballe : depuis 1894.

MAGNY, 1/2 s. N. — H. N.
Gr. 1868. — Calvados.
Par *Gotha*, 1/2 s. N., et *Opale*, P. S. Ar.
Hennebont 1872. — Abattu le 4 août 1891.

MARAÎCHIN, ex-**MÉPHISTO**, 1/2 s. V. — H. N.
B. 1890. — Vendée.
Par *Huguenot*, 1/2 s. V., et *Sophie*, par Vaisseau, 1/2 s. V.
Hennebont : depuis 1894.

MARAT, 1/2 s. N. — H. N.
B. 1890. — Manche.
Par *Dacapo*, 1/2 s. N., et *Coquette*, par Ulm, 1/2 s. N.
Hennebont : depuis 1894.

MARBOURG, 1/2 s. N. — H. N.
N. 1890. — Calvados.
Par *Union-Jack*, 1/2 s. N., et *Jeannette*, par Extra, 1/2 s. N.
(approuvé).
Hennebont : depuis 1894.

MARCHEUR, 1/2 s. N. — H. N.
B. 1890. — Calvados.
Par *Etendard*, 1/2 s. N., et *Conquise*, par Conquérant, 1/2 s. N.
Hennebont : depuis 1894.

MAREUIL, 1/2 s. N. — H. N.
Al. 1890. — Manche.
Par *Café*, 1/2 s. N., et *Sophie*, 1/2 s. N., et Alérion, 1/2 s. N.
(approuvé).
Lamballe : 1894. — Castré le 28 août 1895.

MARJOLET, 1/2 s. Cha:. — H. N.
B. 1890. — Charente-Inférieure.
Par *Helvétius*, 1/2 s. N., et *Barbette*, par Terme, 1/2 s. N.
Hennebont : depuis 1894.

MARQUIS, 1/2 s. N. — H. N.
B. 1890. — Calvados.
Par *Forban*, 1/2 s. N., et *Rose*, 1/2 s. N., par Romano, 1/2 s. N.
Sa grand'mère : 1/2 s. N., par d'Artagnan, 1/2 s. N. (approuvé).
Sa bisaïeule : 1/2 s. N., par Rocroi, 1/2 s. N.
Lamballe : 1894. — Castré le 17 août 1897.

METEOR, 1/2 s. A. — H. N.
B. 1886. — Angleterre.
Par *White-Stockings*, 1/2 s. A , et *Queen-Midas*, 1/2 s. A.
Hennebont : 1890. — Castré le 15 septembre 1892.

MIDLOTHIAN, 1/2 s. A. — H. N.
Al. 1874. — Angleterre.
Origine anglaise.
Lamballe : 1881. — Abattu le 10 août 1895.

MIRABEAU, 1/2 s. V. — H. N.
Al. 1890. — Vendée.
Par *Pactole*, 1/2 s. N., et *Herménie*, 1/2 s. V., par Le Lion,
P. S. A.
Sa grand'mère : 1/2 s. V., par Glaneur, P. S. A.
Lamballe : depuis 1894.

MOAB, ex-**MAGICIEN**, 1/2 s. N. — H. N.
B. 1890. — Manche,
Par *Colporteur*, 1/2 s. N., et *La Manche*, par Lavater, 1/2 s. N
Hennebont : depuis 1894.

MONTJOIE, 1/2 s. Char. — H. N.
B. 1890. — Charente-Inférieure.
Par *Florestan*, 1/2 s. N., et une fille d'Issy, 1/2 s. N.
Hennebont : 1894. — Castré le 5 août 1897.

MONTMIRAIL, ex-**FAVORI**, 1/2 s. N. — H. N.
Gr. 1890. — Calvados.
Par *Bledelow*, 1/2 s. A., et *Sultane*, 1/2 s. N., par Quartier,
1/2 s. N.
Sa grand'mère : 1/2 s. N., par Minotaure, 1/2 s. A.
Lamballe : depuis 1894.

MORVAN, 1/2 s. N. — H. N.
B. 1890. — Manche
Par *Colporteur*, 1/2 s. N., et *Kapirat*, 1/2 s. N., par Josaphat,
1/2 s. N.
Sa grand'mère : 1/2 s. N., par Kapirat, 1/2 s. N.
Lamballe : depuis 1894.

MUSCADET, 1/2 s. V. — H. N.
Al. 1890. — Vendée.
Par *Huguenot*, 1/2 s. V., et une 1/2 V., par Calvin, 1/2 s. N.
Sa grand'mère : 1/2 s. V., par Soulouque, 1/2 s. V.
Lamballe : 1894. — Castré le 8 novembre 1895.

MUSCADIN, 1/2 s. N. — H. N.
B. 1890. — Seine-Inférieure.
Par *Phaëton*, 1/2 s. N., et *Serpolette*, 1/2 s. N., par Serpolet-Bai,
1/2 s. N.
Sa grand'mère : Négresse, par Normand, 1/2 s. N.
Voir S. B. N., tome II, Serpolette, no 5698.
Lamballe : depuis 1895.

MUSCAT, 1/2 s. V. — H. N.
Ro. 1890. — Vendée
Par *Gratin*, 1/2 s. N., et *Bichette*, par Permutant, 1/2 s. N.
Hennebont : depuis 1894.

NABAB, 1/2 s. V. — H. N.
B. 1891. — Vendée.
Par *Hernani*, 1/2 s. N., et une fille d'Albrant, 1/2 s. V.
Hennebont : depuis 1895.

NANGASAKI, 1/2 s. N. — H. N.
B. 1891. — Manche.
Par *Fred-Marcher*, 1/2 s. N., et *Lavater*, par Lavater, 1/2 s. N.
Lamballe : depuis 1895.

NANKIN, 1/2 s. N. — H. N.
B. 1891. — Manche.
Par *Gasparin*, 1/2 s. N., et *Rosette*, par Tempête, 1/2 s. N.
Hennebont : depuis 1895.

NAPOLITAIN, 1/2 s. N. — H. N.
Al. 1891. — Calvados.
Par *Graft*, 1/2 s. N., et *Bijou* (jument normande).
Lamballe : depuis 1895.

NARCOTIQUE, 1/2 s. N. — H. N.
B. 1891. — Manche.
Par *Shamrock*, 1/2 s. A , et *Orpheline*, 1/2 s. N., par Sabre,
P. S. A.
Sa grand'mère : 1/2 s. N., par Hélios, 1/2 s. N.
Lamballe : depuis 1895.

NEAUPHLE, 1/2 s. N. — H. N.
B. 1891. — Calvados.
Par *Cicéron II*, 1/2 s. N., et *Coquette*, par Hidalgo, 1/2 s. N.
Hennebont : 1895. — Castré le 26 août 1896.

NECTAIRE, 1/2 s. N. — H. N.
B. 1891. — Calvados.
Par *Hercule-Normand*, 1/2 s. N., et *Rigolette*, par Marignan,
1/2 s. N.
Hennebont : depuis 1895.

NECTAR, 1/2 s. Char. — H. N.
B. 1891, — Charente-Inférieure.
Par *Milan Ier*, P. S. A., et une fille d'Ustor, 1/2 s. N.
Hennebont : depuis 1895.

NEUF, ex-**QUÉBEC**, 1/2 s. N.
Al. 1891. — Orne.
Par *Phaëton*, 1/2 s. N., et *Léoncia*, 1/2 s. N.,
par Marx, 1/2 s. Orloff. (approuvé).
Sa grand'mère : 1/2 s. N., par Serenader, 1/2 s. A.
Lamballe : depuis 1895.

NICÉPHORE, 1/2 s. N. — H. N.
B. 1891. — Manche.
Par *Hallali*, 1/2 s. N., et *Papillon*, 1/2 s. N., par Shamrock,
1/2 s. A.
Sa grand'mère : 1/2 s. N., par Macouba, 1/2 s. N.
Lamballe : depuis 1895.

NICIAS, 1/2 s N. — H. N.
B. 1891. — Calvados.
Par *Faisan* ou *Tristan*, 1/2 s. N., et *Finette*, par Florentine,
1/2 s. N.
Hennebont : depuis 1895.

NIVÔSE, 1/2 s. Char. — H. N.
B. 1891. — Charente-Inférieure.
Par *Garbon*, 1/2 s. N., et une fille de Quibbler, 1/2 s. N.
Hennebont : depuis 1895.

NONOBSTANT, ex-**NIZAM**, 1/2 s. N. — H. N.
B. 1891. — Manche.
Par *Colporteur*, 1/2 s. N., et *Vigie*, 1/2 s. N., par Gabier, P. S. A.
Sa grand'mère : 1/2 s. N., par Egésippe, 1/2 s. N.
Sa bisaïeule : par Lagopède, 1/2 s. N.
Lamballe : depuis 1895.

NORD, ex-**NIZAM**, 1/2 s. N. — H. N.
B. 1891. — Orne.
Par *Gérardmer*, 1/2 s. N , et *Jeannette*, 1/2 s. N.,
par Valdempierre, 1/2 s. N.
Sa grand'mère : Giselle, P. S. A.
Lamballe : depuis 1895.

NORD-EST, 1/2 s. N. — H. N.
B. 1891. — Manche.
Par *Connétable*, 1/2 s. N., et *Margot*, par Théophile, 1/2 s. N.
Hennebont : depuis 1895.

NORFOLK-HERO, 1/2 s. A. — H. N.
N. 1877. — Angleterre.
Origine anglaise.
Lamballe : 1884. — Castré le 4 septembre 1893.

OBÉLISQUE, 1/2 s. N. — H. N.
B. 1892. — Manche.
Par *Jouteur*, 1/2 s. N., et *Brunette*, 1/2 s. N., par Pator, 1/2 s. N.
Sa grand'mère : par Isolier, P. S. A.
Voir S. B. N., t. II., Brunette, no 3572.
Lamballe : depuis 1896.

OBERLAND, 1/2 s. N. — H. N.
B. 1892. — Manche.
Par *Fred-Archer*, 1/2 s. N., et *Rosette*, par Aristocrate, 1/2 s. N.
Hennebont : depuis 1896.

OBUS II, 1/2 s. N. — H. N.
B. 1892. — Orne.
Par *Fuschia*, 1/2 s. N., et *Italienne*, par Beaugé, 1/2 s. N.
Sa grand'mère : par Abrantès, 1/2 s. N.
Voir S. B. N., t. II, Italienne, no 4482.
Lamballe : depuis 1896.

OCÉAN II, 1/2 s. N. — H. N.
B. 1892. — Orne.
Par *Ilote*, 1/2 s. N., et une fille de Buci, 1/2 s. N.
Hennebont : depuis 1893.

OCÈDE, 1/2 s. Char. — H. N.
Bb. 1892. — Charente-Inférieure.
Par *Uplock*, 1/2 s. N., et *Flaure*, par Orphéon, 1/2 s. N.
Hennebont : depuis 1896.

OCELOT, 1/2 s. N. — H. N.
B. 1892. — Calvados.
Par *James-Watt*, 1/2 s. N., et *Paysanne* (1/2 s. née dans la Nièvre)
par Ulrich, 1/2 s.
Sa grand'mère : 1/2 s., par Imbroglio, 1/2 s.
Lamballe : depuis 1896.

O'CONNEL, 1/2 s. N. — H. N.
B. 1892. — Sarthe.
Par *Fuschia*, 1/2 s. N., et *Volupté*, par Phaëton, 1/2 s. N.
Sa grand'mère : par Elu, 1/2 s. N.
Lamballe ; depuis 1896.

OCTAVE, 1/2 s. N. — H. N.
Al. 1892. — Calvados.
Par *Valencourt*, 1/2 s. N., et *Rosa*, par Jackson, 1/2 s. A.
Hennebont : depuis 1896.

ŒIL-DE-CHAT, ex-**OCTAVE**, 1/2 s. N. — H. N.
B. 1892. — Manche.
Par *Favori*, 1/2 s. N. (approuvé), et *Hardie*, par Shamrock, 1/2 s. A.
Sa grand'mère : Gringalette, 1/2 s. N., par Kellermann, 1/2 s. N.
Voir Hardie, nᵒ 4342, S. B. N., t. II.
Lamballe : depuis 1896.

OLD-TIMES, 1/2 s. A. — H. N.
Aub. 1874. — Angleterre.
Par *Hue-and-Cry-Shales*, 1/2 s. A., et une 1/2 s. A.,
par Catton, 1/2 s. A.
Lamballe : depuis 1878.

OLMI, 1/2 s. N. — H. N.
B. 1892. — Manche.
Par *Echec*, 1/2 s. N., et *Louise*, par Bataillon, 1/2 s. N.
Hennebont : 1896. — Réformé le 6 mai 1898.

OMAGA, 1/2 s. N. — H. N.
B. 1892. — Manche.
Par *Hysope*, 1/2 s. N., et *Castille*, 1/2 s. N., par Noirmont,
approuvé, 1/2 s. N.
Sa grand'mère : 1/2 s. N., par Beaumanoir, 1/2 s. N.
Lamballe : 1896. — Mort en station le 20 février 1896.
(N'a sailli qu'une jument).

ONAGRE, ex-**OBÉRON**, 1/2 s. N. — H. N.

B. 1892. — Calvados.

Par *Jeumont*, 1/2 s. N., et *Lisette*, par Dardolo ou Gusman. 1/2 s. N.

Hennebont : depuis 1896.

ON-DIT, ex-**OPTICIEN**, 1/2 s. — H. N.

N. 1892. — Calvados.

Par *Echo*, 1/2 s. N., ou *Glaneur*, 1/2 s. N., et *Tirelire*,
par Noville, 1/2 s. N.

Sa grand'mère : par Brocardo, P. S. A.

Lamballe : depuis 1896.

ONÉGA, 1/2 s. N. — H. N.

B. 1892. — Orne.

Par *Hevas*, 1/2 s. N., et *Pâquerette*, par Barrabas, 1/2 s. N.

Sa grand'mère : par Oriental, 1/2 s. N.

Lamballe : 1896. — Castré le 17 août 1897.

OPÉRA, 1/2 s. N. — H. N.

B. 1892. — Calvados.

Par *Edimbourg*, 1/2 s. N., et *Africaine*, 1/2 s. N.,
par Cherbourg, 1/2 s. N.

Sa grand'mère : par Niger, 1/2 s. N.
Sa bisaïeule : par Elu, 1/2 s. N.

Lamballe : depuis 1896.

OPPORTO, 1/2 s. N. — H. N.

B. 1892. — Manche.

Par *Gibraltar*, 1/2 s. N., et *Brunette*, par Sauvageon, 1/2 s. N.

Sa grand'mère : 1/2 s. N., par Nonant, 1/2 s. N.

Lamballe : depuis 1896.

ORANG-OUTANG, ex-**ŒILLET**, 1/2 s. N. — H. N.

B. 1892. — Calvados.

Par *J'y-Pensais*, 1/2 s. N., et *Pâquerette*, 1/2 s. N.,
par Don-Quichotte, 1/2 s. N.

Sa grand'mère : par Interprète, 1/2 s N.

Lamballe : depuis 1896.

ORATEUR, ex-**ORPHELIN**, 1/2 s. N. — H. N.
B. 1892. — Calvados.
Par *Graft*, 1/2 s. N., et *Mignonne*, par Léotard, 1/2 s. N.
Hennebont : depuis 1896.

ORATORIO, 1/2 s. N. — H. N.
Bb. 1892. — Manche.
Par *Esbly*, 1/2 s. N., et *Castille*, par Alsacien, 1/2 s. N.
Hennebont : depuis 1896.

ORÉNOQUE, ex-**OUDINOT**, 1/2 s. N. — H. N.
B. 1892. — Manche.
Par *Frondeur*, 1/2 s. N., et une fille de Contrôleur, 1/2 s. N.
Hennebont : depuis 1896.

ORESTE, 1/2 s. V. — H. N.
B. 1892. — Vendée.
Par *Arcole*, 1/2 s. N., et *Gazelle*, 1/2 s. V., par Pactole, 1/2 s. N.
Sa grand'mère : 1/2 s. V., par Jambes-d'Argent, 1/2 s. N.
Lamballe : depuis 1896.

ORFÈVRE, 1/2 s. N. — H. N.
Al. 1892. — Manche.
Par *Fontenay*, 1/2 s. N., et *Modestie*, par Aristocrate, 1/2 s. N.
Hennebont : depuis 1896.

ORSI, 1/2 s. N. — H. N.
B. 1892. — Manche.
Par *Seymour*, 1/2 s. N., et *Bijou*, 1/2 s. N., par Guelfe, 1/2 s. N.
(approuvé).
Sa grand'mère : 1/2 s. N., par Bravo, P. S. A.
Lamballe : depuis 1896.

OUAD-EL-KÉBIR, 1/2 s. N. — H. N.
B. 1897. — Manche.
Par *Fred-Archer*, 1/2 s. N., et *Javotte*, par Lavater, 1/2 s. N.
Sa grand'mère : par Java, 1/2 s. N.
Lamballe : depuis 1896.

QUATREMÈRE-DE-QUINCY, 1/2 s. N. — H.
B. 1894. — Orne.
Par *Fuschia*, 1/2 s. N., et *La Vallière V*, par Echo, 1/2 s. N.
Sa grand'mère : Gallia, par Dictateur.
Voir S. B. N., t. II, n° 4772.
Lamballe : depuis 1898.

QUEL-AMOUR, ex-**QUENTIN**, 1/2 s. N. — H. N.
Al. 1894. — Manche.
Par *Voleur*, 1/2 s. N., et *Mignonne*, 1/2 s. N., par Siroc, 1/2 s. N.
Sa grand'mère : 1/2 s. N., par Ray-Grass, 1/2 s. N.
Lamballe : depuis 1898.

QUESTMAN, 1/2 s. N. — H. N.
B. 1894. — Orne.
Par *Valdempierre*, 1/2 s. N., et *Lévite*, 1/2 s. N., par Jactalor.
Sa grand'mère : Rapid-Roan, 1/2 s. N.
Hennebont : depuis 1898.

QUICK, 1/2 s. N. — H. N.
Al. 1894. — Manche.
Par *Ecarté*, 1/2 s. N., et *Caroline*, 1/2 s. N., par Prickwillow II,
1/2 s. N.
Sa grand'mère : par Jambon.
Hennebont : depuis 1898.

QUICONQUE, ex-**QUIA**, 1/2 s. N. — H. N.
B. 1894. — Orne.
Par *Kachemyr*, 1/2 s. N., et *La Grâce*, 1/2 s. N., par Valencourt,
1/2 s. N. (approuvé).
Sa grand'mère : par Serpolet-Bai, 1/2 s. N.
Hennebont : depuis 1898.

QUIET, ex-**QUINOLA**, 1/2 s. N. — H. N.
Al. 1894. — Calvados.
Par *Echo*, 1/2 s. N., et *Belle-et-Bonne*, 1/2 s. N., par Acquila,
1/2 s. N.
Sa grand'mère : par Irlandais, 1/2 s. N.
Hennebont : depuis 1898.

QUIÉTISME, ex-**QUIBUS**, 1/2 s. N. — H. N.

N. 1894. — Manche.

Par *Excelsior*, 1/2 s. Norf., et *Brunette*, 1/2 s. N., par Shamrock, 1/2 s. A.

Sa grand'mère : par Lodi, 1/2 s. N.
Sa bisaïeule : par Succès, 1/2 s. N.

Lamballe : depuis 1898.

QUILLE-EN-BOIS, 1/2 s. N. — H. N.

Al. 1894. — Calvados.

Par *Kurde*, 1/2 s. N., et *Cousine*, par Saturne, 1/2 s. N.

Lamballe : depuis 1898.

QUILLIER, 1/2 s. N. — H. N.

B. 1894. — Calvados.

Par *Jarnac*, 1/2 s. N , et *Lisette*, par Tudieu, 1/2 s. N.

Sa grand'mère : par Peuplier, 1/2 s. N.
Sa bisaïeule : par Quine, 1/2 s. N.

Lamballe : depuis 1898.

QUINAULT, 1/2 s. V. — H. N.

B. 1894. — Vendée.

Par *Jourdan*, 1/2 s. N., et *Bonne-Mère*, 1/2 s. N.,
par Typique ou Phaëton, 1/2 s. N.

Sa grand'mère : par Abrantès, 1/2 s. N.

Hennebont : depuis 1898.

QUINCEY, ex-**QUINTAL**, 1/2 s. N. — H. N.

B. 1894. — Manche.

Par *Laurier*, 1/2 s. N., et *Parfaite*, par Villiers, 1/2 s. N.
(approuvé).

Hennebont : depuis 1898.

QUINTUPLE, ex-**QUILLEBŒUF**, 1/2 s. N. — H. N.

B. 1894. — Manche.

Par *Kurde*, 1/2 s. N., et *Tricoteuse*, par Teinturier, 1/2 s. N.

Sa grand'mère : 1/2 s. N., par Shamrock, 1/2
Sa bisaïeule : par Hélios, 1/2 s. N.

Lamballe : depuis 1898.

QUIQUENGROGNE, 1/2 s. Char. — H. N.
B. 1894. — Charente-Inférieure.
Par *Imprévu*, 1/2 s. V., et *Coquette*, 1/2 s. Char., par Quibbler,
1/2 s. N.
Hennebont : depuis 1898.

QUIRIQUIQUI, 1/2 s. N. — H. N.
Al. 1894. — Manche.
Par *Kabach*, 1/2 s. N., et *Finette*, 1/2 s. N., par Vert-Luron,
1/2 s. N.
Sa grand'mère : par Robinson, 1/2 s. N.
Hennebont : depuis 1898.

RADIEUX, 1/2 s. N. — H. N.
B. 1873. — Manche.
Par *Séduisant*, 1/2 s. N., et une 1/2 s. N., par Arétin, P. S. A.
Hennebont : 1877. — Abattu le 25 mars 1895.

RAY-MERCHANT, 1/2 s. N. — H. N.
N. 1875. — Seine-Inférieure.
Par *Kilomètre*, 1/2 s. N., et *Espérance*, 1/2 s. N.,
par Trotten-Rattler, 1/2 s. A.
Lamballe : 1888. — Castré le 4 septembre 1893.

REACTION, 1/2 s. Norf.-A. — H. N.
B. 1886. — Angleterre.
Par *Realty* et *Real-Jam*, par Quicksilver.
Lamballe : depuis 1898.

REITRE, ex-**RAPIDE**, 1/2 s. N. — H. N.
B. 1873. — Manche.
Par *Auguste*, P. S. A., et une fille d'Egésippe, 1/2 s. N.
Hennebont : 1879. — Abattu le 1er janvier 1892.

RÉMUS, 1/2 s. N. — H. N.
B. 1873. — Calvados.
Par *Interprète*, 1/2 s. N., et une fille de Conquérant, 1/2 s. N.
Sa grand'mère : 1/2 s. N., par The Nemrod, 1/2 s. A.
Lamballe : 1877. — Castré le 25 août 1891.

RIENZI, 1/2 s. N. — H. N.
B. 1873. — Orne.
Par *Abrantès*, 1/2 s. N., et une fille d'Homère, 1/2 s. N.
Hennebont : 1877. — Castré le 15 septembre 1892.

RIGOUREUX, 1/2 s. N. — H. N.
B. 1873. — Calvados.
Par *Irlandais*, 1/2 s. N., et une petite-fille de Lucain, 1/2 s. N.
Hennebont : 1877. — Abattu le 25 juillet 1894.

ROADSTER, 1/2 s. N. — H. N.
Al. 1873. — Manche.
Par *Hunter*, 1/2 s. N., et une 1/2 s. N., par Marengo, P. S. A.-A.
Hennebont : 1877. — Mort le 8 avril 1891.

ROB, 1/2 s. Norf.-A. (approuvé). — M. Y. Sévère.
Al. 1890. — Angleterre.
Origine anglaise.
Lamballe : depuis 1897.

ROCHAMBEAU, 1/2 s. N. — H. N.
B. 1873. — Orne.
Par *Centaure*, 1/2 s. N., et une fille d'Esculape, 1/2 s. N.
Hennebont : depuis 1877.

RUFUS-OF-REEDNESS, 1/2 s. Norf.-A. — H. N.
Al. 1890. — Angleterre.
Par *Rufus* et *Mariquita*, par Danegelt.
Lamballe : depuis 1898.

SAINT-JULIEN, 1/2 s. N. — H. N.
B. 1884. — Calvados.
Par *Valencourt*, 1/2 s. N., et *Hermosa*, par Noville, 1/2 s. N.
Lamballe : depuis 1889.

SALSES, 1/2 s. N. — H. N.
Al. 1874. — Manche.
Par *Pater*, 1/2 s. N., et une 1/2 s. N., par Ignoré, 1/2 s. N.
Lamballe : 1878. — Castré le 4 septembre 1893.

SAPEUR, 1/2 s. N. — H. N.
Al. 1874 — Manche.
Par *Idoménée*, 1/2 s. N., et *Lisette*, par Villiers, 1/2 s. N.
Hennebont : 1879. — Castré le 22 août 1891.

SEDGEFORD-AMBITION, 1/2 s. A. — H. N.
Al. 1892. — Angleterre.
Par *Vigourous*, 1/2 s. A., et *Chance*, par Ambition, 1/2 s. A.
Hennebont : depuis 1896.

SÉNÉGAL, 1/2 s. N. — H. N.
B. 1874. — Calvados.
Par *Unau*, 1/2 s. N., et une 1/2 N., par Ignoré, 1/2 s. N.
Lamballe : 1878. — Abattu le 10 août 1895.

SENSATION, 1/2 s. A. — H. N.
Al. 1887. — Angleterre.
Par *Confidence*, 1/2 s. A., et *May-Flower*, par Lord-Derby,
1/2 s. A.
Hennebont : depuis 1893.

SIR-RICHARD, 1/2 s. Norf.-A. — H. N.
Al. 1872. — Angleterre.
Origine anglaise.
Lamballe : 1880. — Abattu le 1er août 1897.

STAR-OF-SEDGEFORD, 1/2 s. A. — H. N.
Ro. 1893. — Angleterre.
Par *Star-of-Marley*, 1/2 s. A., et *Lady-Margaret*, 1/2 s. A.,
par Vigorous, 1/2 s. A.
(No 5414 du S. B. des Hackneys).
Le Pin : 1897. — Hennebont : depuis 1898.

SUFFRAGE, 1/2 s. N. — H. N.
B. 1874. — Manche.
Par *Pater*, 1/2 s. N., et *Florence*, par Ignoré, 1/2 s. N.
Sa grand'mère : fille de Riga, 1/2 s. N.
Hennebont : 1883. — Abattu le 18 août 1893.

TÉLÉMAQUE, 1/2 s. N. (approuvé).
M. Lemée ; M. Surcouf, 1887.
Al. 1875. — Normandie.
Par *Liberator*, 1/2 s. A., et *Marguerite*, 1/2 s. A.
Hennebont : 1879. — Vendu en 1893.

THE GENERAL, 1/2 s. Norf.-A. — H. N.
Ro. 1879. — Angleterre.
Par *Lamplighter*, 1/2 s. Norf., et une 1/2 s. A.
Lamballe : depuis 1884.

TILLY, ex-**TRIOLET**, 1/2 s. N. — H. N.
B. 1875. — Manche.
Par *Baudit* ou *Kabin*, 1/2 s. N., et *Rosette*, 1/2 s. N.
Hennebont : 1879. — Castré le 14 août 1894.

TINTAMARRE, 1/2 s. N. — H. N.
B. 1875. — Manche.
Par *Lucullus*, 1/2 s. N., et *Rosette*, 1/2 s. N., par Victorieux,
1/2 s. N.
Lamballe : 1879. — Abattu le 10 août 1895.

TOUCAN, 1/2 s. N. — H. N.
Al. 1875. — Manche.
Par *Mathurin*, 1/2 s. N., et *Poulot*, 1/2 s. N., par Ugolin,
1/2 s. N.
Hennebont : 1879. — Castré le 25 août 1891.

TOUR, 1/2 s. N. — H. N.
N. 1875. — Normandie.
Par *Ignace*, 1/2 s. N., et *L'Aigle*, 1/2 s. N., par Governor,
P. S. A.
Hennebont : 1879. — Castré le 21 janvier 1892.

TRÉVISE, 1/2 s. N. — H. N.
Al. 1875. — Orne.
Par *Clear-the-Way*, P. S. A., et *Bonaventure*, 1/2 s. N.,
par Hospodar, 1/2 s. N.
Sa grand'mère : par Séducteur, 1/2 s. N.
Lamballe : 1879. — Castré le 13 septembre 1892.

TYRTÉE, 1/2 s. N. — H. N.
Al. 1874. — Manche.
Par *Lodi*, 1/2 s. N., et *Lisette*, 1/2 s. N., par Urus, 1/2 s. N.
Lamballe : 1879. — Abattu le 6 août 1896.

ULLIEL, ex-**USURIER**, 1/2 s. N. — H. N.
Bb. 1876. — Manche.
Par *Kabin*, 1/2 s. N., et *Bijou*, par Tamerlan, 1/2 s. N.
Hennebont : 1880. — Mort le 5 mars 1895.

URI, 1/2 s. Carr. — H. N.
Al. 1876. — Maine-et-Loire.
Par *Othello*, 1/2 s. N., et une fille d'Intrépide, 1/2 s. N.
Hennebont : 1880. — Castré le 14 août 1894.

UTINAM, 1/2 s. N. — H. N.
Al. 1876. — Manche.
Par *Jackson*, 1/2 s. A., et *Miss-Bird*, P. S. A.
Hennebont : 1880. — Castré le 14 août 1894.

VELOURS, 1/2 s. N. — H. N.
B. 1877. — Calvados.
Par *Qu'en-Pensez-vous*, 1/2 s. N., et *Rapide*, 1/2 s. N.,
par Harmonieux, 1/2 s. N.
Lamballe : 1881. — Castré le 22 août 1896.

VENDREDI, 1/2 s. — H. N.
Aub. 1877. — Eure.
Par *Gall*, 1/2 s. N., ou *Clear-the-Way*, 1/2 s. A.,
et une jument anglaise.
Lamballe : 1881. — Castré le 13 septembre 1892.

VÉNÉRABLE, 1/2 s. N. — H. N.
Al. 1877. — Calvados.
Par *Glorieux*, 1/2 s. N., et *Mignonne*, par Violent, 1/2 s. N.
Hennebont : 1881. — Castré le 20 août 1896.

VENEUR, ex-**VOLUPTUEUX**, 1/2 s. N. — H. N.
Al. 1877. — Manche.
Par *Lozenge*, P. S. A., et *Baillette*, 1/2 s. N., par Lothaire, 1/2 s. N.
Sa grand'mère : fille de Navigateur, 1/2 s. N.
Lamballe : 1881. — Castré le 25 août 1891.

VENTRILOQUE, 1/2 s. N. — H. N.
Al. 1877. — Normandie.
Par *Quiconque*, 1/2 s. N., et *La Poule*, par Knout, 1/2 s. N.
Sa grand'mère : par Emule, 1/2 s. N.
Lamballe : 1881. — Abattu le 31 août 1892.

VÉTÉRAN, ex-**VIGOUREUX**, 1/2 s. N. — H. N.
B. 1877. — Calvados.
Par *Irlandais*, 1/2 s. N., et une jument normande.
Lamballe : 1881. — Castré le 22 août 1896.

VILNA, 1/2 s. — H. N.
Al. 1883. — Cher.
Par *Pérets*, 1/2 s. R., et *Dershaya*, 1/2 s R.
Hennebont : depuis 1889.

VIMOUTIERS, 1/2 s. Char. — H. N.
B. 1877. — Charente-Inférieure.
Par *Quibbler*, 1/2 s. N., et une 1/2 s. Char.,
par General-Scherman, 1/2 s. A.
Lamballe : 1881. — Abattu le 29 juillet 1897.

VIVAT, 1/2 s. N. — H. N.
Bb. 1877. — Calvados.
Par *Normand*, 1/2 s. N., et *Fleur-de-Mai*,
par J'y-Songerai, 1/2 s. N.
Sa grand'mère : fille de Conquérant, 1/2 s. N.
Hennebont : 1881. — Castré le 14 août 1894.

WEST-NORFOLK-SQUIRE, 1/2 s. Norf.-A. — H. N.
Ro. 1886. — Angleterre.
Par *Confidence*, 1/2 s. Norf.-A., et une fille de Quick-Sylver,
1/2 s. Norf.
Lamballe : depuis 1891.

WISDOM, 1/2 s. Norf.-A. — H. N.
Al. 1892. — Angleterre.
Par *Danegelt*, 1/2 s. Norf., et *Wood-Violet*, 1/2 s. Norf.
Lamballe : depuis 1896.

WOODNUT, 1/2 s. Norf. — H. N.
Aub. 1888. — Angleterre.
Par *Vigorous*, 1/2 s. Norf., et *Wood-Nymph*, 1/2 Norf.,
par Reality, 1/2 s. Norf.
Inscrit au S. B. des Hackneys, n° 3393.
Lamballe : depuis 1893.

XANTIPPE, 1/2 s. N. — H. N.
Bb. 1878. — Seine-Inférieure.
Par *Niger*, 1/2 s. N., et *Duchesse*, par Conquérant, 1/2 s. N.
Lamballe : 1882. — Castré le 4 septembre 1893.

Y. GARIBALDI, 1/2 s. A. — H. N.
Al. 1872. — Angleterre.
Par *Garibaldi*, 1/2 s. A., et une fille de Vilox, 1/2 s. Norf.
Saint-Lô : 1877-1890.
Lamballe : 1891. — Castré le 13 septembre 1892.

SECTION BRETONNE

APPENDICE

ÉTALONS DE PUR SANG

Ayant fait la monte dans les circonscriptions d'Hennebont
et de Lamballe de 1891 à 1898.

ÉTALONS DE PUR SANG

Ayant fait la monte dans les circonscriptions d'Hennebont

et de Lamballe.

ACHILLE, P. S. A. S. B. F., t. XI, p. 1
M. le duc de Feltre.
B. 1886. — France.
Par *Tristan* et *Aurore*, par Plutus.
Lamballe : depuis 1891.

BAGNERAIS, P. S. A. S. B. F., t. XI, p. 100
N. Zain, 1893. — France.
Par *Bay-Archer* et *Bagneraise*, par Trombone.
Hennebont : 1898.

BASQUE, P. S. A. S. B. F., t. XI, p. 4
H. N.
Al. 1875. — France.
Par *Trocadéro* et *La Bohémienne*, par West-Australian.
Lamballe : 1881. — Abattu le 15 novembre 1895.

CARABINERO, P. S. A. S. B. F., t. XI, p. 306
Mis de Pleuc.
B. 1891. — France.
Pa *Perplexe* et *Lord-Clifden mare*.
Hennebont : depuis 1898.

CHAMBOIS, P. S. A.   S. B. F., t. VII, p. 8
H. N.
Al. 1878. — France.
Par *Trocadéro* et *Miss-Capucine*, par The Ranger.
Lamballe : 1883. — Abattu le 31 août 1892.

CHANCELIER, P. S. A.   S. B. F., t. XI, p. 6
H. N.
Al. 1885. — France.
Par *Zut* et *Miss-Capucine*, par The Ranger.
Hennebont : 1890. — Passé à l'école du Pin le 14 octobre 1894.

CHASSENON, P. S. A.   S. B. F., t. IX, p. 8
H. N.
B. 1872. — France.
Par *Gontran* et *Marguerite-d'Anjou*, par Womersley.
Lamballe : 1878. — Abattu le 10 août 1891.

CHÉRIF, P. S. A.   S. B. F., t. XI, p. 7
Al. 1885. — France.
Par *Saltéador* et *Queen-of-the-Chase*, par Blair-Athol.
Lamballe : depuis 1892.

DEMONIO, P. S. A.   S. B. F., t. XI, p. 108
B. 1892. — Hautes-Pyrénées.
Par *Peregrine* et *Déesse*, par Bertram.
Lamballe : 1896.
Passé à l'école des Haras du Pin, le 25 novembre 1897.

DORAT, P. S. Ar.   S. B. F., t. V, p. 537
H. N.
Ro. 1876. — France.
Kélif et *Bulbul*.
Hennebont : 1886. — Abattu le 1er février 1895.

EGLANTIER, P. S. A.   S. B. F., t. XI, p. 413
Bb. 1891. — Orne.
Par *Julius-Cœsar* et *Rosa*, par Guy-Dayrell.
Lamballe : depuis 1898.

FONTAINEBLEAU, P. S. A.   S. B. F., t. XI, p. 12
M. le duc de Feltre.
Bb. 1874. — France.
Par *Dollar* et *Finlande*.
Lamballe : 1893. — Vendu après la monte de 1894.

GABÈS, P. S. A.   S. B. F., t. IX, p. 16
H. N.
B. 1880. — France.
Par *Faublas* et *Alabama*, par Light ou Serious.
Hennebont : 1888. — Passé à l'école du Pin le 5 septembre 1896.

GALBA, P. S. A.   S. B. F., t. V, p. 9
H. N.
B. 1872. — France.
Par *Consul* et *Gourmande*, par Sting.
Hennebont : 1884. — Mort le 11 juin 1892.

GISORS, P. S. A.   S. B. F., t. IX, p. 16
H. N.
B. 1882. — France.
Par *Saxifrage* et *Good-Night*, par Orphelin.
Lamballe : 1889.
Passé au dépôt de la Roche-sur-Yon le 27 novembre 1897.

GOSPORT, P. S. A.   S. B. F., t. IX, p. 181
M. Dimpault.
B. 1888. — France.
Par *Southampton* et *Gisela*, par Kisber.
Lamballe : depuis 1895.
A fait la monte en 1895, chez M. Dimpault, dans les Côtes-du-Nord ;
en 1896, dans Seine-et-Oise ;
depuis 1897, dans les Côtes-du-Nord.
Vendu en 1898.

GRAIN-D'OR, P. S. Ar.   S. B. F., t. VII, p. 792
H. N.
Al. 1879. — France.
Par *Wahab* et *Chandeleur*, par Emir.
Lamballe : 1883. — Abattu le 7 août 1894.

GRISOLET, P. S, A. S.B.F., t. IX, p. 18
H. N.
Al. 1886. — France.
Par *Flageolet* et *Oulyouriska*, par Patricien.
Lamballe : 1891. — Passé au dépôt de Tarbes le 10 décembre 1894.

IMPERATOR, P. S. A. S. B. F., t. XII, p. 26
H. N.
B. 1892. — France.
Par *Manoël* et *Italian-Queen*, par King-Tom.
Hennebont : depuis 1898.

KIRSCH, P. S. A. S. B. F., t. IX, p. 21
H. N.
Al. 1883. — France.
Par *Plutus* et *Kyrielle*, par Tabac.
Lamballe : 1889.
Passé au dépôt d'Angers le 24 décembre 1895.

LE PIÉGEUR, P. S. A. S. B. F., t VIII, p. 21
H. N.
B. 1879. — France.
Par *Don-Carlos* et *Nichette*, par Beauvais.
Hennebont : depuis 1888.

LE RAKOS, P. S. A. S. B. F., t. X, p. 123
Al. 1889. — Manche.
Par *Atlantic* et *Czardas*, par Kisber.
Lamballe : depuis 1895.

LE VOLGA, P. S. A. S. B. F.. t. X, p. 88
Marquis de Pleuc.
Al. 1891. — France.
Par *Xaintrailles* et *Blue-Winny*, par Parmesan.
Hennebont : depuis 1897.

MÉDIUM, P. S. A. S. B. F., t. X, p. 278
Prince Murat.
B. 1890. — France.
Par *Maskelyne* et *Miss-Cecil*, par Don-Carlos.
Hennebont : depuis 1895.

MESNIDOT, P. S. A.   S. B. F., t. XI, p. 405
Al. 1892. — Manche.
Par *Magician* et *Régane*, par Vertugadin.
Lamballe : depuis 1898.

MIMULUS, P. S. A.   S. B. F., t. VIII, p. 606
Cte du Pontavice.
B. 1885. — France.
Par *Beaurepaire* et *Mélusine*, ex-*Mitraille*.
Hennebont : depuis 1891.

MOUMOUR, P. S. A.-A.   S. B. F., t. VI, p. 18
H. N.
Gr. 1877. — France.
Par *Abdel*, Ar., et *Régina*, par Lambro, Ar.
Lamballe : 1881. — Abattu le 6 août 1896.

NÉZIB, P. S. A.-A.   S. B. F., t. VIII, p. 24
H, N,
B. 1882. — France.
Par *Nassim*, Ar., et *Florine*, P. S. A.-A., par Ceylon.
Hennebont : depuis 1886.

OLIM, P. S. A.-A.   S. B. F., t. IX, p. 276
H. N.
B. 1887. — Haute-Vienne.
Par *Edhen*, P. S. Ar., et *Memento*, P. S. A., par Stockwell.
Hennebont : 1892. — Ecole du Pin, 20 octobre 1893.

PATCHOULI, P. S. A.   S. B. F., t. VII, p. 24
M. Ouizille, 1885 ; M. Dimpault, 1890.
B. 1878. — France.
Par *Plutus* et *Duchess-of-Athol*, par Blair-Athol.
Hennebont : 1885-1890. — Lamballe : 1891.
Vendu avant la monte de 1892.

PATRIOTE, P. S. A.   S. B. F., t. XI, p. 377
H. N.
Al. 1893. — Hautes-Pyrénées.
Par *Grandmaster* et *Parabole*, par Albion.
Hennebont : depuis 1897.

PLUTUS, P. S. A.   S. B. F., t. IX, p. 81
M. le duc de Feltre.
B. 1863. France.
Par *Trumpeter* et *Planet mare*.
Lamballe : 1891. — Mort après la monte de 1891.

RÉAUMUR, P. S. A.   S. B. F., t. VII, p. 26
H. N.
B. 1878. — France.
Par *Pompier* et *Rivale*, ex-*Vedette*, par Y. Gladiator.
Hennebont : 1882. — Abattu le 17 juillet 1897.

ROSTRENEM, P. S. A.   S. B. F., t. 11, p. 28
Al. 1882. — France.
Par *Montargis* et *Rosita*, par Florin.
Lamballe : depuis 1893.

SANS-NOM, P. S. A.   S. B. F., t. XI, p. 20
M. le duc de Feltre.
Al. 1886. -- France.
Par *Tristan* et *Beauty*, par Knowsley.
Lamballe : depuis 1892.

SÉLIM II, P. S. A.   S. B. F., t. IX, 867
H. N.
Al. 1889. — France.
Par *Bruce* et *Souveraine*, par Salvator.
Hennebont : depuis 1895.

SPOSO, P. S. A.   S. B. F., t. IX, p. 35
H. N.
B. 1883. — France.
Par *Plutus* et *Promise*, par Monarque.
Lamballe : depuis 1888.

S. B. F., t. X, p. 291
TIPSY, ex-**GOURGON**, P. S. A.
Mis de Pleuc.
Al. 1890. — France.
Par *Pepper-and-Salt* et *Nightgown*.
Hennebont : depuis 1898.

TRIOMPHE, P. S. A.   S. B. F., t. VI, p. 27
H. N.
B. 1875. — France.
Par *Suzerain* et *Rafale*, par Charlatan.
Hennebont : 1881. — Mort le 13 mai 1893.

UZER, P. S. A. — H. N.   S. B. F., t. XI, p. 462
Al. 1893. — Hautes-Pyrénées.
Par *Grand-Master* et *Ultima*, par Flageolet.
Hennebont : depuis 1897.

VIERZA, P. S. A.   S. B. F., t. XI, p. 33
Al. 1886. — France.
Par *Reggio* et *La Vengeance*, par Pacc.
Hennebont : 1893. — Abattu le 21 août 1896.

YOUNG-PLUTUS, P. S. A. S. B. F., t. XI, p. 97
M. le duc de Feltre.
Al. 1891. — France.
Par *Plutus* et *Aurore*,
Lamballe : depuis 1895.

TABLE ALPHABÉTIQUE

TABLE ALPHABÉTIQUE

A

B

L

M

N

O

P

7755 — Paris. — Soc. de l'Imprimerie KUGELMANN, 12, rue de la Grange-Batelière.